谦德少年文库
QIANDE JUVENILE LIBRARY

给孩子的生物三书

昆虫漫话

陶秉珍 著

团结出版社

图书在版编目(CIP)数据

昆虫漫话 / 陶秉珍著. –– 北京 : 团结出版社, 2020.10

(给孩子的生物三书)

ISBN 978-7-5126-8347-1

Ⅰ. ①昆… Ⅱ. ①陶… Ⅲ. ①昆虫学—青少年读物

Ⅳ. ①Q96-49

中国版本图书馆CIP数据核字(2020)第198725号

出版: 团结出版社

(北京市东城区东皇城根南街84号 邮编: 100006)

电话: (010)65228880 65244790 (传真)

网址: www.tjpress.com

Email: zb65244790@vip.163.com

经销: 全国新华书店

印刷: 大厂回族自治县德诚印务有限公司

开本: 148×210 1/32

印张: 16

字数: 311千字

版次: 2020年12月 第1版

印次: 2021年 8 月 第2次印刷

书号: 978-7-5126-8347-1

定价: 99.00元(全3册)

前　言

有人说，大自然是世界上最有趣的老师，因为她有着说不尽的神奇与奥秘。对各种事物都充满好奇是孩子们的天性，在大自然的怀抱中，孩子们的这种天性可以得到很好的释放，而且还能培养他们发现美的能力，以及善于观察的习惯。同时，孩子的专注力和毅力都能从中得到很好的提升。

为了激发孩子们探索自然的兴趣，让他们了解动植物的神奇世界，我们出版了这套《给孩子的生物三书》，全书共三本，分别是《昆虫漫话》《植物漫话》和《植物的生活》，作者是著名的昆虫学家、植物学家陶秉珍先生。

陶秉珍（1896—1952），浙江萧山人。1935年留学日本东京帝国大学，就读于生物专业，曾任浙江大学农学院教授。早期从事科普读物的编撰，后专做茶叶研究与茶叶改良的实践工作。一生著作近三十余部，主要有《植物的生活》《五谷》《植物漫话》《昆虫漫话》《栽茶与制茶》等。译著有美国学者的《人类史话》，日本学者的《实验果树栽培讲义》等。此外，他还编写了一些与植物、动物相关的讲义，都受到广大读者的喜爱。

《昆虫漫话》被誉为中国版的"《昆虫记》"，作者以活泼轻快、朴实清新的语言为我们开启了一个妙趣横生的昆虫世界。全书讲述了蜜蜂、蝴蝶、萤火虫、蚊蝇、蟋蟀等14种常见昆虫的生活习性与奇异能力。正如作者所言，昆虫不仅种类繁多，而且对人类有重大影响，且具有奇妙的才能，而且它们的社会组织，又有许多高出人类之处，所以研究昆虫，实在是一件既需要又有趣的事。所以，当你翻看这本书时，你定会觉得这是多么不可思议啊！

比如，在蜜蜂的世界里，有一种特别会照顾幼蜂，堪称昆虫界的好妈妈——花母中的母蜂；也有一种生性凶猛，任意杀戮其他小昆虫的百虫之王——胡蜂；还有的会利用朽木制造马粪纸似的巢……在日常生活中，它们所表现出来的勇敢、团结与坚持不懈的精神，不正是我们应该学习的吗？此外，不同于一般的科普作品，作者在书中运用大量的修辞手法，将昆虫拟人化，赋予人性，用浓郁、优美的文笔将昆虫知识娓娓道来，是一部非常有趣的科普小品。

《植物漫话》这本小书最早出版于1953年，持续畅销六十余年。全书以主人公吉儿为主线，结合其实际生活中发现的种种问题，用二十多种我国特有的经济植物作材料，简要普及了植物的分类学知识。

比如，我们常吃的海带，生长在水温较低的海域中，不同于一般的植物，它不会开花，那它是如何繁殖的呢？香蕈，即我们常说的香菇，是我国的特产之一，在民间素有"山珍"之称。它既不是从地上长出，又没有蘑菇树，那它到底是如何生长的呢？有一种植物，堪称"植物界的活恐龙"，它适应性强，喜湿润，生长快，北京以南各地均有栽培，你知道它是什么树吗？这些有趣的植物知识在这本小书中都可以看到。

除此之外，书中还记述了各类植物的种植知识和实用价值，以及我们祖先发现各种有用植物的功绩。同时还介绍了我国地大物博、丰富的资源现况。作者将零散的知识系统化，枯燥的知识趣味化，在帮助青少年更好地认识各类植物的同时，还可以体会到我们祖先吃苦耐劳、善于发现的传统品质，以激发青少年对祖国的热爱。

在《植物的生活》中，作者带领我们走进神奇的植物世界，让大家了解那些我们不曾注意的植物是如何生活的。正如作者所说，秉着使读者领悟自然界的根本法则的宏愿，不拘于形态、生理的界限，选取植物的共通生活现象做题材，用浅近的词句，作科学的说明，写成短文，著成此书，进而为读者打开了一个奇幻的植物世界。本书最大的特点就是，以诗情画意的散文笔调，通俗易懂、生动有趣的语言，在确保事实无误的情况下，将植物赋予生命，且兼具人文精神，通过一篇篇优美的小品文将零散的知识系统化，将趣味与美感相得益彰。全书用二十八篇小短文，分别介绍了植物生活的地中世界、植物的运输机关、草本植物和木本植物的区别、植物的芽的萌发过程、水生植物的三个阶段、在海滨和飞沙搏战的植物、植物是如何自卫等，每篇开头均有优美的背景描写，如《芽的萌发》一篇，"一到初春，阳光似乎比以前更充足，树枝上的冬芽，一天天地绽放，不久，便脱去大衣，伸出嫩绿的小手来了。"这种拟人化的手笔随处可见。即使只读着题目，也能勾起读者强烈的好奇心，比如"植物也会出汗""花的睡眠""在海滨和飞沙搏战的植物""吃现成饭的懒汉""'共存共荣'的植物""树木的寿命""植物的自卫"等。

这三本小书，创作至今已经长达半个世纪之久，涉及了生物学习中的各种问题，历经时间的检验，被一代又一代的读者所喜爱，这其中必然有它的奥妙所在。我们在整理出版过程中，尽可能保持原著语言特色，在此基础上做了相关注释，方便读者更好地理解、掌握，对一些因时代变化已经不适宜的内容适当作了调整。

这三本小书不仅可以帮助孩子们更好的认识大自然、亲近大自然，更重要的是让他们养成善于观察、善于发现的习惯。愿孩子们爱上生物、爱上大自然，在健康成长的过程中，能够亲近大自然，勇于探索生物的奥秘。让我们跟随陶秉珍先生，一起去探索神秘的生物世界吧！

编者

2020年9月

序

全世界七十万种的动物内，昆虫占了六十万种。种类既这样繁多，对于我们的影响更属巨大。试看振翅枝头的蛱蝶，高唱柳梢的新蝉，好像都是和平的舞手、歌人，谁知它们曾有过拦阻火车、大毁森林的成绩。至于像疟蚊的布毒，竟促成罗马衰亡的一个因素；跳蚤的传播鼠疫，竟使欧洲人口减少四分之一，更是大家都知道的。

而且，当我们未发明木材造纸的方法之前，胡蜂早已应用朽木制造马粪纸似的巢了；混凝土是最近几年才发明的建筑材料，但泥蜂造巢时，早已能调制使用了；蜜蜂又能应用六角形的自然法则，造面积和材料最经济的巢。可见昆虫也颇有奇妙的才能。

至于像各尽所能，各取所需，没有懒汉，没有内乱的蜂群列阵阶前，勇于公战的蚁群，更有不少可给人类社会取法的地方。

昆虫，不仅种类繁多，对人类有重大影响，具有奇妙的才能，而且它们的社会组织，又有高出人类之处，所以研究昆虫，实在是一件需要而又有趣的事。

我在少年时代，常因接近昆虫而遇到种种奇象。例如：两只蜻蛉，各咬住了别只的尾巴，打了箍在空中飞翔；挂在树干上的蝉壳，肢体俱全，恰恰少了翅膀；教科书上虽说蝇类是卵生的，但拍死一只麻苍蝇，偏偏满肚子是蛆。此外像螳螂无头，还会交尾；蚁类行动，若有号令，这种种现象，都使我发生疑问。我知道你们在游玩时，也常有和昆虫接近的机会，也许同样会遇到这等奇象，发生这等疑问！所以本书除为了引起你们研究昆虫的兴趣起见，把关于昆虫的新鲜记述作简单的介绍外，对于这些现象，都想给它一种合理的解释。

昆虫的名字，大部分用我国固有的——包括现代和古昔。一部分是根据象形或会意而创造的新名，像Copera annulata取名竹竿豆娘，Loxoblemmus haanii 取名为三角蟋蟀等。此外一小部分，仍用音译法，但都把学名附在后面。

本书的主要参考书是：Jean-Henri Fabre：Souvenirs Entomologiques. Etudes sur l'Instinct Et les Moeurs des Insectes. Dix series. 和日本松村松年著的《昆虫物语》和《虫的社会生活》等。本书的体裁方面，好友贾祖璋兄，曾有许多指示。一并书此志谢。

秉珍

1935年8月于日本东京

目　录

蜂

蜂

一 花蜂的社会生活

昆虫里面，比蜂更有趣的，大概找不到吧！它们不但种类繁多，而且所过的生活又是千差万别。有的隐居泥中，有的高栖树梢，有的随波漂浮，有的寄生虫体，有的孤栖，有的群居。现在只把习见[1]的和有特色的几种来大略讲一讲。

一阳来复，我们散步郊原时，常有嗡嗡之声从远方传来。这声音和报春鸟的啼声一般，使人知道春已到临，听了十分畅快。春天最早开的是梅花、山茶。到这些花上来的，就是蜜蜂和花蜂。

花蜂中有翅膀暗灰色的花蜂（Bombus speciosus），有生着橙黄色长毛的虎花蜂（Bombus diversus），有大型而腹部有黄毛带的大花蜂（Bombus sopporensis），有全身密生着黑色长毛的黑花蜂（Bombus ignitus）和胸腹部密生黄灰色毛的黄花蜂（Bombus lersatus）等种类。它们都是过着和蜜蜂相似的社会生活。

1.习见：经常见到。（编者注）

黑花蜂

虎花蜂

花　蜂

大花蜂

黄花峰

　　早春三月，花蜂已从它们的越冬处出来。这时，只为了疗治自己的饥渴，拼命采蜜。一到四五月里，就着手造巢，并且替孩子们贮藏花粉和花蜜。它们造巢的地方毫无一定，有时竟会利用现成的鼠穴，再开一条长长的隧道通到地面。它们的巢，不是同蜜蜂这样有好多层，是因它们分泌的蜡比蜜蜂的要软弱得多。

　　蜜蜂社会中，有生殖能力的叫作女王，但在花蜂社会里，女王这个名称嫌不适当，应该称为母蜂。为什么呢？因为它和人类一样发挥母性爱。当初只有它一只，自己造巢，自己到野外去采集花蜜、花粉和树脂，作将来自己孩子的食物。它产卵（是受了精而越冬的），保护孵化出来的孩子，自己看这些孩子羽化，飞出巢去。但蜜蜂的女王，不过是一种产卵机器，不发挥养育孩子、保护孩子的母性爱。

母蜂造巢时，像前面说过，通常总利用废弃的鼠穴，将草梗、叶片、藓苔等咬碎，混入树脂和蜡液，在里面造巢房。它们造巢之前，先到郊外去，用后脚采集花粉，用蜜囊吸收花蜜，带了回来，扫落花粉和入吐出来的花蜜，滚成团子，这是未来孩子们的食料。这些团子造成之后，母蜂就环绕团子造一间小室，在里面产下十二三粒卵子。不久，又从背部分泌蜡液，将这巢房（小室）的顶封住。同时，再分泌蜡质造一个薄薄的壶，作贮藏花蜜用。这壶的直径，约二厘米，深约四厘米，放在巢房附近。母蜂对于花蜜的贮藏，非常注意，因为这是风雨之际的粮食。

巢房造成后，母蜂就静静伏在上面，使卵子受热孵化。这时它总面向着巢口，留心外敌的侵入，简直和鸟类等高等动物的孵卵丝毫无二。

卵子约经四天而孵化。幼虫各个吃那些团子，将它蛀成七洞八穿。当粮食起恐慌时，母蜂便再到野外去采集花粉、花蜜，回来后在巢房的盖上咬穿一孔，将花粉或稍稍流动的花粉、花蜜混合物，从这小孔丢落巢房里。它不采集花粉、花蜜时，就伏在巢房上使孩子得到温热。这时若觉得饥饿，便把口吻插入蜜壶内，吸食从前贮藏的蜜。经过一个月左右，孩子已成工蜂，能够帮助母亲采集花粉、花蜜，蜜壶就丢着不用了。花蜂的蜜比蜜蜂的要稀薄些。

花蜂的幼虫是白色无足，头部特别大。孵化后，再经六七天，各幼虫吐丝造成坚牢的纸似的茧，而化蛹。巢房的中央，微微凹陷，是母蜂曾经静伏着保护孩子的地方。假使孩子们虽然已经化蛹，还要暖气时，它依旧伏在凹处，绝不飞开去。到了从卵孵化的第二十二三天，幼蜂就出来了。这时，母亲还负保护之责，替它们将茧上的出口开得大些。第一次羽化出来的花蜂，全是工蜂，比母蜂要小得多。这些工蜂一出来，母蜂便把采集花粉、花蜜的责任，交给它们，自己再另造巢房产卵。此后陆续产生的，也全是工蜂。一到中夏，母蜂方产将来可成雄蜂和母蜂的卵子。

秋天，母蜂衰老，工蜂就代替产卵，但全是雄卵，所以这巢不久就要灭亡了。秋季，我们看到的大花蜂，多是母蜂。雄蜂虽也常有看到，但比母蜂稍小，略带黑色，尾端没有毒刺，是很容易分别的。雄蜂虽在野外吸食种种花蜜过日，到早霜一降，便一命呜呼。工蜂也不久死亡，留下的只有将来可做母蜂的、生殖器发达的女蜂。

地中的巢格外大些，有时包含，170只雄蜂、560只女蜂、180只工蜂。但是，地上巢中蜂数较少，大概只有一半。一只越冬的母蜂，子孙往往增加到三四百只。蜂群的兴衰，受气候的影响不少，在亚热带地方，花蜂无须冬眠，继续不断地经营社会生活。反之，在北极寒冷地方，花蜂都过独栖生活。

花蜂最大的敌人，便是要偷蜜吃和咬破育儿巢房的野鼠。所以除气候外，对于蜂群影响最大的，便是这地方野鼠的多少。达尔文曾经用猫和苜蓿的关系来说明生物界的关联生活，而这花蜂也是其中的一环。现在只讲个大概，来结束这节。

苜蓿花的受精结实，全靠花蜂的媒介，而花蜂的繁殖，又常受野鼠的妨害。可是，侵害花蜂的野鼠，又要给猫捕食，繁殖上大受限制。所以喜欢养猫的村庄，苜蓿最能繁殖。

二 做百虫之王的胡蜂

胡蜂性凶猛，不论蝶、蛾、青虫等，若在它们身边，便被任意杀戮，不妨称其为百虫之王。胡蜂种类很多，最普通的是：全身生黄褐色毛的黄胡蜂（Vespa auraria），拖着两条长腿的长脚蜂（Polistes hebraeus），腹部有黄色细条的纹胡蜂（Vespa crabra）和翅膀暗褐、全身黑色的黑胡蜂（Phynchium flovomarginatum）等。

胡蜂造巢的地点，有地下和地上的不同。像大胡蜂和黑胡蜂造在地下，像长脚蜂和纹胡蜂造在地上的树枝间，地下的巢多呈片状，枝间的巢都呈球形。

春天，常见胡蜂飞到屋里来，这是它们在找寻宅地。地点一找定当[1]后，如是[2]枝间巢，便在枝上造一个坚固的柄。若是地下巢，便用它坚强的大腮，先将地面的

纹胡蜂

1.定当：处理，安排妥贴。（编者注）
2.如是：如此这么，像这样。（编者注）

木片、细枝、草屑、小石等扫除净尽，再开掘下去，遇到树根之类将它咬断，也做上一个强韧的柄子。这些是造巢的准备工作。

黄胡蜂

它再去寻得枯树或朽栅，用大腮啮下几片，嚼碎，混入唾液，于是便成制纸工厂中的木浆了。可见在我们发明未用木材造纸之先，蜂早已实行。它将木浆运回，在柄子周围，一涂再涂，涂成一张薄片，这就是巢的基础。木浆用完时，再飞到原处，重新咬嚼木片，制得新木浆运回，在薄片中央，做成四个下垂的房。又赶忙在这四个新建的房里，各产一粒卵子，再做一个伞状的盖罩住全巢，下方开一出入口。此后，不绝地将木浆运向巢中，在四房的周围，挨次更建造许多房，当这薄片铺满时，第一层房屋已告成了。造巢于地下的，出巢时常把泥屑带出，可见是一面掘穴，一面

长脚蜂

把巢扩大的。而且它们的巢不分层次，尽管向四周扩张，呈一片状。胡蜂的巢房，不像蜜蜂这样悬挂，而是水平地排列，换一句话，蜜蜂的建筑是垂直式，而胡蜂的建筑是水平式。

当巢还不十分扩大时，当初产在四房中的卵子，已经孵化。它就放下建筑工程，替孩子们到野外去采集食物。刚才孵化的幼虫，小得很，所以食料也只是些软嫩的蚜虫、青虫等，而且将它咬碎，做成团子，才给幼虫吃。有时，也

喂一些花粉、花蜜。房口虽然向下，但因为有一种胶质物，将幼虫的尾端粘住，所以不会落到地面的。

黑胡蜂

女王一面养育孩子，一面增加房屋，顺便产下新卵子。孩子一天天大起来，所需的食物更多，它就不管什么昆虫，看到便捉。运回巢后，嚼成肉酱给孩子吃。有趣的是，牛肉店和猪肉店，它也常常光顾，弄得伙计们手忙脚乱。胡蜂学会吃牛肉、猪肉，还是近几年的事，大概它们起初是为了捕捉群集[1]在肉上的家蝇和肉蝇而到店里来的，偶然发现美味的牛肉、猪肉，便知道鲜肉养分很多，最适宜于喂养孩子，于是捕蝇的益虫，变为掠夺鲜肉的害虫了。

巢中有二十多个房造成时，第一次的幼虫已经老熟，将自己吐出来的丝封住房口，贴里面再造一层盖，于是，这房就成藏蛹的茧了。孩子一到造茧，母亲就不再放在心上，只努力于养育别的孩子和建造新巢房。

此后再过十天到十二天，最初孵化的四条幼虫，已化蛹，成工蜂了。当羽化时，这年轻的蜂能够自己咬破茧盖，不必母亲帮助。这四只工蜂一来，女王当然喜欢的不得了，因为它不必再到野外去替孩子们采集食料，一切由这几只工蜂负责。

女王自己所建造的只起初的二十多房，到工蜂一出来，便咬破巢的外套，将巢扩大。同时，又在巢的中央，向下方建造一根

1.群集：成群地聚集。（编者注）

称为中轴的柱，在末端造三四
个房，再逐渐在周围增添，于是
第二层房子又告成了。再把中轴
延长，建设第三层、第四层的巢
房。大的胡蜂巢竟有五十层之
多，简直和纽约的摩天楼相差无
几了。在中央的一层面积最大，
上面有三四千房。在夏季，这些
房至少是三次，有时五次，做孩
子的摇篮。羽化的蜂一出来，别

黄胡蜂的巢

的工蜂便把房盖和蛹壳扫除，让女王再去产卵。产卵的顺序，是
从中央到外侧再回到中央。

长脚蜂的巢

到秋季将近，最下两层上，便
有几个大型的房造起来。这些房
的盖常呈球形，不像工蜂房那样
扁平的。这房里藏着将来成女王
的幼虫和成雄蜂的幼虫。前者因
得到富于养分的食物变成女王，
为传种的基础，和蜜蜂丝毫无异。这时，巢的外罩，恰成倒立
的花瓶形，有八九张纸这样厚，这是几千工蜂共同制作的。

　　长脚蜂的巢虽也造在枝间，但只一层，而且没有外罩，这是
我们常能在灌木丛中看到的。

三 残杀同胞的胡蜂

在烈日炎炎的夏天，工蜂为了养育幼虫和女王，仍旧在洞口急急忙忙地进进出出。除狂风暴雨的时候外，它们是从早到晚不休息地操作。到夏末秋初，枝头果熟，它们便吸收果中的汁液来饲养幼虫。

早霜初降，便是胡蜂的丧钟响了。它们不像蜜蜂这样藏了粮食过冬，而且巢也单薄，经不起风吹霜压，所以除全巢覆没外，委实没有第二条路。可是在这时还要上演几幕杀戮同胞的惨剧呢！

秋季天气一冷，女王便停止产卵。工蜂把已长得相当大的幼虫拉出巢外，留着一定间隔，排成一行丢弃着。这些幼虫都是会变成维持这巢的有用的工蜂，但奇怪得很，一直受着工蜂周密地保护和养育的幼虫，此刻便无罪无过地被杀戮了。因为一个巢里至少有六千只工蜂，气候渐冷，采粮不易，便起恐慌。于是工蜂知道巢里的幼虫，到底无法养大，便好像有某种命令似的大胆地杀害婴儿了。这时，全巢大混乱，毫无秩序，新出来的工蜂口衔了幼虫往外拉，老工蜂只茫然地看着。

也许有人要这样想，既然同归于尽，倒不如留在巢里好，何必一定要拉到巢外再加杀戮呢？不是太残忍吗？其实工蜂不知道什么叫残忍，什么叫慈悲，一切行动都受维持种族这原则所支配。这时，将来做女王的雌蜂快要羽化，让幼虫在巢腐败是很不好的，所以必须把巢内扫除干净。一到秋末，新女王和雄蜂出来，这时老女王早已死去，连遗骸都没处找。胡蜂的女王和蜜蜂、白蚁的女王不同，不和别巢的雄蜂交尾，只在巢内或巢边和同巢的雄蜂交尾。不久，雄蜂也死去，女王只能寻得枯树的空洞，或别的和暖而隐蔽的地方越冬。这时常把木片、树皮、草屑等，紧紧咬着。我们在九月、十月里看到的胡蜂，有不少是雄蜂。十一月里看到的大半是准备越冬的女王。

此外，胡蜂还有几种特别的习性，就在这里顺便说一说。

胡蜂有好干净的习性，常用前肢拂除身上的尘埃，所以寄生在蜂身上的霉菌很少。当胡蜂从巢孔出来，要向野外飞去时，必定在自己的巢上打旋，起初是小圈，逐渐放大，最后向自己的目的地一溜烟飞去了。这种回旋飞翔，无非是怕回来时遗忘了自己的家，所以特意看定某种标识，记在脑海里。回来时恰恰和出去时相反，由大圆圈逐渐缩小，而到巢孔。它们的巢起初不过同鸡蛋那么大，慢慢地扩大，到中秋相近变成直径二尺多了。

四 钻木的熊蜂

春风乍起，雌雄熊蜂就从越冬场所出来了。熊蜂的

（xylocopa circumvolans）形状和花蜂相似，身躯伟大，体毛不多，全身黑色，只胸部背面现黄色，所以一看就能分别。这蜂还有一点和别的花蜂不同的地方，就是雌雄两种都越冬的。

熊　蜂

　　它们常常在木材上钻洞、造巢，所以又叫作木匠蜂。钻洞时，枯木又比活树容易些，所以它们总拣森林中的枯木，绝不去加害活树。可是，有时飞到我们家里，在栋、梁、柱、栅等上，胡乱钻洞造巢，那就变成大害虫了。温带地方这蜂不多，还没有什么大害。若到印度、爪哇这等热带地方去，看了它们的成绩真要吃惊。竟有一段小小梁木上，被这蜂钻了三四十个洞的。若狂风一起，这屋当然要倾倒。不仅家内的梁柱，有时连郊外的电杆和篱柱，都有它们的成绩。

　　熊蜂钻洞时，总是用它的大颚。锯屑纷纷落下，往往在地上堆积得高高的。这洞实在是一种隧道，直径五厘米左右，斜斜地横着，稍稍进去，又折而向上，或向下达到一尺，或一尺五寸时，再变更方向，一径钻通背面。它再用唾液调制锯屑，在离入口约一寸[1]处，作一隔壁，产下一卵，周围再放些可作幼虫食料的花粉、花蜜，这是第一室，常在穴口。接着再隔第二室，照样产卵。一条隧道，大概隔成十几间小室，垒作孩子们的安全摇篮。

　　这里就有问题要发生了，就是若里面的蛹，先羽化成蜂，而

1.寸：长度单位，10分等于1寸，10寸等于1尺。1市寸合1/30米。（编者注）

近穴的还是蛹或幼虫，它不会跑不出来吗? 可是，母蜂早早留意到这点，所以它产卵必定从第一室起，挨次上去。当它建设到最后一间巢房而产卵时，第一室的幼虫已经头向着下方而化蛹了。所以挨次孵化，挨次化蛹，挨次羽化为蜂，咬破隔壁，循着同一条隧道而飞出，丝毫不会发生冲突。母亲替儿女们着想，真有这么周到啊!

五月里，藤花盛开，熊蜂也纷纷飞来，嗡嗡发音在花间舞个不休，真是丽春的点缀。粗粗一看，它们身成熊形，而且振翅发声，又像大胡蜂，不免使人害怕。其实，它是很平和的蜂，除你去搅扰它的巢穴外，绝不胡乱蜇人。熊蜂不像花蜂那样组成团体，它们是孤独地生活的。

五　泥蜂的建筑技术

泥蜂大概是黑色而有黄纹的，又可分作腹柄细长的，或不细长的两种，都要吸食伞形科等植物的花汁，在石上、墙隅、枝上、树皮下等处，用泥造巢。它们的巢通常同樱桃一般大，也有拳头大的。

蜾蠃（Eumenes pomiformis）因为肚部呈酒瓶形，所以又叫酒瓶蜂。分布在我国、日本、欧洲等地方。它们造巢时，先衔了直径约三毫米的土块回来，用前脚仔细地涂。这时土块依旧用口衔着。这土块是已经用唾液炼过的，所以一会儿巢底涂成了。此后大约每隔四五分钟，衔土回来涂一次。到巢已造成三分之二时，带了一条被刺而麻醉的青虫飞来。这好像是早已预备好，放在近处的。

螺蠃和它的巢

青虫放进巢，螺蠃再开始运土。大约一共费去三小时，一个石榴形的泥巢就成功了。蜂从顶上将尾插入产卵，经两三分钟产毕。卵是长椭圆形，长约3.5毫米，阔约1毫米，带乳白色。真有趣！它们的卵竟用丝临空悬挂在巢内，这是因为巢内的青虫还不死，怕卵子给它压破。产卵完毕后，再去衔一块泥来，将孔塞住。卵不久孵化而成幼虫，吃青虫而长大，作茧过冬。第二年初夏，化蛹，再变成虫，在巢边穿孔而出。

研究泥蜂造巢，真是一件有趣味的事。它不但会选择土块，而且同我们造混凝土时一样，里面竟混些石子。造巢用的土，大概从坚硬结实的道路边和很干燥的高地上运来。最喜欢的是沙岩土。像石山上的土片也是常被利用的。因为泥土若不是十分干燥的，即使混入多少唾液，也不会像混凝土般凝固，当连着几天降雨时，就有崩坏的危险了。

它混入的沙粒和小石，形状和质地当然不同，有的球形，有的多角，有的是石灰质，有的是石英质，但重量和大小全都一律，真使人不能不惊叫起来。巢的内部，怕幼虫要砸碰，竭力做成平滑。若有突起处，用炼泥一涂。进出口成喇叭状的突出，这部分竟全用水泥构成。它们在人类未能制造水泥之前，早已利用水泥造混凝土了。而且，这样圆顶的巢，通常总是五六个连排着建造的，因为壁面可互相利用，时间和劳力都比较经济。

法布尔认定泥蜂的巢至少已有把工程美术化的倾向。这巢是它们孩子的保护所、城堡，照理只要牢固，不要美化。但是，出入口做成喇叭形，对于巢的保全上，有什么作用呢？无非是一种装饰。而且这美术的曲线，这希腊式的优美的壶口，简直像由技工旋盘造成的。它们嵌在上面的透明石英，也是晶莹悦目。有时还在巢顶加上一个小蜗牛的脱壳，这又和我们在器具上嵌螺钿有什么差异呢？和澳洲所产的小舍鸟，用蜗牛壳、美丽的种子、石子，装饰它们的游戏场很相像。

六 奇妙的割叶蜂

蔷薇和梨树的叶子,有时边上被挖去一大块,这就是割叶蜂的成绩。割叶蜂(Megachile doederleini)是体现黑色,胸部密生黄褐毛,翅紫蓝色,脚黑色的中型蜂。它常常从植物的叶上割取圆形或椭圆形的块,衔回来做巢里的衬垫和隔壁,所以有这样一个名字。

割叶蜂

它们的巢,先在树木的干中和泥里开一条长约一分米的隧道,有时利用柳树中天牛的空巢。再飞到蔷薇、梨树等叶上,捉住叶缘,用大颚像剪纸般剪下圆圆的一片,运回巢去。最先割来的叶片最大,稍呈椭圆形,在洞口附近,将它做成圆筒状的袋,一直推到洞底。再去割三四片来(稍小,呈圆形),挨次垫在圆筒形袋子的里面。于是,它再飞向花间,用后脚采集花粉和花蜜,附在腹下带回来,塞在这叶片筒里。再产一粒卵,割取一片最后的叶片,做这圆筒的盖,大功就告成了。此后,再在第一房的上面,同样地建造第二房。有时八房、十房,成一直线地连接着,也有各房分开建造的。卵孵化后,幼虫就吃替它贮藏的花蜜,再吃花粉团子，经过两星期左右，吐丝作茧，化蛹越冬，到来春再羽化而为成虫。奇妙的是，所贮藏的食料，恰恰足够养大一条幼虫。

七 棉花蜂和采松蜂

花蜂里面有一种叫十纹花蜂（Anthidium），黑色的身躯，上面有十条黄纹，雄的尾端有几根锐利的突起。这种蜂产在暖地，六七月里常集在唇形科和豆科植物的花上。欧洲产的，常用棉絮似的植物纤维做巢盖，所以又有棉花蜂之称。它们发现适于造巢的地方后，就从附近的植物咬取棉絮似的物质，用脚抱着回巢，这是衬垫筒状房用的。这些絮状物质，多从水苏、塞尔维亚和巴比伦矢车草等叶啮取的。它还怕絮状物轻松易动，所以又钻入絮状物中，用黏液固定在巢底。巢造成后，就贮藏食料，产下一粒卵子，再用同样的絮状物塞住孔口。

比加刺蜂（Bicolor）是欧洲产的一种割叶蜂，有衔取松叶，遮盖内有巢房的蜗牛壳的习性，所以又可叫作采松蜂。当它们发现可以造巢的蜗牛壳时，便去衔取比自己身子要长好多倍的松叶来，左右前后密密地将蜗牛壳盖住。松叶之数，普通为二十根至三十根。造巢的准备工作完成后（大约费去一小时半），它再飞到野外，衔取蒿、藓苔等来，和卵子以及将来幼虫要吃的食料,一同放在壳内。第一个巢完成后,它再照样经营第二、第三个巢。

八 过寄生生活的小蜂

蝶在娇艳的花上飞翔,青虫在鲜绿的叶间匍匐,谁都认为是一种悠闲平和的生活。但这只是表面的观察,其实时时受寄生蜂这种可怕的敌人的威胁,能够终其天年的很少。

寄生蜂种类极多,若调查起来,光只我国也有几千种吧!形体微小常人不大留意,若明白了它们寄生生活的巧妙,谁也不禁要打个寒噤吧!

寄生蜂中,有的专寄生于种种昆虫的卵,有的是幼虫,有的是蛹和成虫。寄生于卵的蜂,多是寄生蜂中最微细的。寄生于稻的害虫二化螟虫卵中的红色螟卵蜂,体长只半毫米。它们飞到产在稻叶上的二化螟虫的卵块上来,用产卵管刺入卵中,各产一粒椭圆形的卵。不久孵化成幼虫,吃螟卵的内容物而长大,约经一星期化蛹。这时卵的内容物差不多已经吃完了。再过两三天,卵化为成虫,咬一个洞而向外界飞出。因为它能够吃螟虫的卵,所以在我们人类倒认为是益虫。

再把寄生于昆虫幼虫的蜂来说一说:诸位总也见过吧,专吃菜叶的青虫身上,往往有许多黄色椭圆形的茧附着,这是青虫小茧蜂的茧。这蜂用产卵管向青虫体内产进近于椭圆形的卵。卵孵化成幼虫，吃宿主的血液、脂肪而长大。老熟后，咬穿青虫的皮肤而外出，吐丝作茧，再化成虫而飞出。寄生在琉璃蛱蝶（Vanessa canace、Nojaponica）

琉璃蛱蝶

的幼虫上的小茧蜂，多是许多茧堆积起来，上面再盖棉絮似的东西。

寄生于蛹的寄生蜂中，最普通的要算黄脚膜子小蜂。它们的后脚，粗而有黄纹。常常产卵在毛虫和粉蝶的蛹内。介壳虫是果树的大害虫，但也因种种寄生蜂的寄生，不能任意繁殖。

寄生于成虫的寄生蜂比较的少。像害菜类的甲虫（名克斯期纳米虫）的身上，也有属于小茧蜂科的培利利矣他斯蜂寄生。这蜂将产卵管刺入成虫体内产卵。幼虫老熟后，从肛门出来，入泥中作茧化蛹。

寄生蜂的成虫，在野外吃花蜜、花粉以及蚜虫和介壳虫所分泌的蜜汁过活。有的用产卵管刺宿主，而吸食宿主的体液。交尾后，雌的便探寻宿主产卵，但也有未经交尾就产卵的。受精卵能产生雌雄蜂。未受精的卵，大都只产雄蜂，也有只产雌蜂的。这事实，在遗传学者看来是一种好材料。

昆虫常因种种寄生蜂的寄生而死灭，上面已经讲过。所以能够杀戮害虫的寄生蜂，在我们要算益虫，那是不用说。近来有利用寄生蜂来驱除害虫的地方了。当新害虫从国外输入而蔓延各地的时候，赶忙从原产地去运些寄生蜂来，收效尤其显著。像美国偶然从欧洲带进了一种栗类的毛虫，大大地繁殖，后来再从欧洲采运许多寄生蜂，因而逐渐消灭。日本九州，曾从我国带去一种名叫刺粉虱的橘类害虫，后来由意大利昆虫学家西鲁培斯笃利博士，从广州带了些微细的寄生虫到九州去，现在这害虫就几乎绝迹了。日本农林水产省因二化螟虫猖獗，特地派人到我国、南洋等地方，调查寄生蜂，结果发现一种卵寄生蜂和一种幼虫寄生蜂，现正在努力研究利用。

九　水栖的小蜂

寄生水栖昆虫身体里的蜂也不少，现在拣比较有趣的两三种，来简单地介绍一下。

欧洲西部有一种属于小蜂科的寄生蜂，名叫泼来斯脱会开阿克滑气加（Prestwicha aquatica），是寄生在水栖昆虫的卵子中的。那位英国有名的昆虫学者拉僕克氏，有一天，在研究淡水中的虾类和别的水栖动物时，发现一种微小的蜂，活泼地和那几种动物一起游泳，大吃一惊。这种蜂在伦敦很少，但柏林附近，以及德国北部是很多的。体长只二厘左右，用长长的脚，巧妙地游泳。雄蜂有小小的鳞状前翅，雌蜂翅上有一个柄，宛同树叶。翅的前缘，密生毡毛，后翅很细，变成丝状。它们寄生在水栖椿象的卵上，有时别种水栖甲虫的卵上，也要寄生的。据苦纳克氏的调查，一粒松藻虫的卵上，竟有二十四只小蜂。

日本也有属于小蜂科水栖蜂，名叫阿苦利恶气泼斯阿尔马兹（Agriotypus armatus），是体长半厘米光景的黑色小蜂，但棱状部有向后的锐齿，所以容易和别种区别的。雌蜂有短的产卵管，前翅有三条褐纹。天气晴朗的时候，成群地在河面沟畔飞翔。这时，已受精的就潜入水中，搜寻宿主。它们很细心地趁着水草茎，深深地钻到水底，有时竟有十分钟之久，方才上来。

石蚕的幼虫，用小石造了筒状的巢，在内面生活。自己以为是不怕外敌侵入的最安全的住所。可是，这种水蜂深深地潜入水中，将产卵管插入它们的体中产下卵子。幼虫孵化后，先吃它生活上最无关系的部分，所以宿主仍旧不死。有时，这宿主不管有寄生虫在里面，为了自己要化蛹，也把巢口封闭起来。可是，终究为寄生虫所毙。

水蜂的幼虫完全长成后，将宿主残骸推到一边，在那儿造茧化蛹。茧上还有一根细细的管，这是露出水面，呼吸空气用的。这种细管，在水栖蜂是非常重要的。若将它

水蜂的幼虫

拉断，那么这蜂永远不能到水上来了。

岸旁原有许多毛虫、青虫，它们偏偏要潜入水中，将卵产在躲在坚牢石筒中的石蚕身上。这种寄生本能，不是够奇怪吗？而

且母蜂到卵子产入石蚕体中后,不久便死去,所以不论幼虫、成虫,没有得到母亲指导的机会。但它们年年岁岁,循着同一轨道而进行,不是更奇怪吗?

此外,还有一种属于卵蜂科的亚那苦儿斯·斯步夫臼斯苦斯(Anayrus subfuscus)水栖蜂,是专寄生在蜻蜓的卵子中的。它们的特征是,翅成丝状,前后两缘有长毛。雌蜂有短短的产卵管,触角的尖端成棍棒状。它们身长只平均半毫米左右,太小了,所以不用扩大镜,只见暗色的一点,与那些纤毛虫和阿米巴等单细胞动物,差不多大小。可是,这渺小的体积中,竟具有和我们高等动物同样复杂的机关。脑、神经、眼、触角、肠以及其他一切附属物,复杂的筋肉组织、呼吸器、生殖器等,统统齐全。我们不能不惊叹这自然的杰作。

十　蜂类的进步

昆虫的本能,向来认为是循着一定轨道,不会变化的。可是,最近在蜂类中已有种种变化发生了。

南美和中美,有一种无刺蜜蜂,本来是吸食花蜜、花粉的,现在竟要吸食煤油了。它们常集在臭气扑鼻的黑色柏油(Tar)和重油的罐上,一心一意地津津有味地吸食。这种热心状况,和普通蜜蜂集在花朵上吸蜜采粉丝毫无异。据休白兹博士的报告,若煤油罐旁有油流出来时，即使旁边放一只富于糖分的香蕉，它们也绝不一顾，专心集在煤油上。有时竟为了要独占煤油，和别巢的蜂拼命斗争。

煤油是近几十年来才发现的东西，不是这种蜂向来吃的食物，这是很明显的。那么这种现象怎样解说呢？这种蜂原是采集植物的树脂、新芽中的蜡，现在发现利用煤油中的蜡质物，时间劳力都要经济得多，于是，就停止向植物采蜡，而专来吃煤油了。为了节省时间和劳力，即使这样恶臭扑鼻，蜂也毫不厌恶。动物的本能真是与时俱新的。

胡蜂的食物，本来以小虫为主，有时吃点果实和树液，现在竟要盗食牛肉、猪肉了，这在前面已经说过了。胡蜂为了要吸食蜂蜜，常集在巢箱上盗蜜，有时会捕捉门口守卫的工蜂，这些事在杂食性的胡蜂，原不算什么。要到肉店里来偷鲜肉吃，是最近才有的事。

昆虫只依本能而活动，被一定的轨道束缚着的，在这样认定的人，万万梦想不到蜂会吸食煤油和偷鲜肉吃的啊！

蜜蜂

一 社会制度

历来诗人文士歌咏蜜蜂的美文诗歌，已颇不少，但是所记载的多出悬揣臆测，去事实很远。现在研究逐渐进步，回想十几年前关于蜜蜂的知识，真觉何等幼稚。何况现今未能说明的神秘行动，还有许多存在。

蜜蜂的社会中，没有指导者、支配者，也没有命令者，是一个母性中心的氏族社会，是一个平等的共产团体。各分子都知道分别执行自己的任务，而毫无错误。它们从朝到晚，不休不歇地在花间徘徊，搜集花粉和花蜜。这并不是由于某人的命令，不过大家为了要维持这共同巢和种族而主动努力。

在蜜蜂社会中占最多数的，是生殖器退化的女性，叫作工蜂。工蜂中一部分到野外去采集花粉、花蜜，一部分留在巢里。有的将同伴带回来的花粉，从后肢上扫落；有的造巢；有的到小河边去运水；有的调制孩子和女王的食料；有的拍着两翅，将新鲜空气送到巢里去；有的站在门口做守卫，有什么外敌侵入，便拼命抵敌。春季，巢内除女王外，全是工蜂。一到夏季，便有比工蜂稍大的雄蜂出现。雄蜂在白天虽也常常到巢外愉快似地飞翔，但它们毫不采集花蜜花粉，所以又叫作懒汉。此外，巢内还有最大的一只蜂，这是女王，是这巢的母。巢中几万只蜂，都是这蜂产下的同胞。

从前都是这样想：蜜蜂社会，是一切居民在一只女王专制地支配之下的。可是，现在仔细研究，这女王绝不是专制的，它从来不曾下过什么命令，也不会有过什么压迫举动。它不过是一架产卵机器，是一个由工蜂造成的机器人。这社会的运行全由工蜂，连女王生杀之权也操在全体工蜂手中。

二 巢房——六角形小房

蜜蜂的巢，野生的大都造在大树的空洞里；饲养的在人造的巢箱中。但巢房的构造完全一样，各房都是六角形的小房，排列得整整齐齐，看了真叫人吃惊。现在我们要研究的，第一是什么材料，从哪里得来；第二是为什么造成六角形。

巢房的材料，从前大家都以为也是从花里采来的，近来才明白这些蜡性物质，是从它自己腹面第三、四、五、六环节上四对蜡镜分泌的。这蜡镜表面是薄板，下面有一排分泌细胞。当造巢时，年轻的工蜂先吃了许多蜜，集合在巢的天花板上。经过18

小时至24小时，腹面的蜡镜便有蜡液分泌。这些分泌液，碰到空气就凝成薄片，和透明的云母片相似。它们将这薄片衔在口里，混入酸性的唾液，炼成一种软膏似的物质，这就是造巢房的材料。这种蜂蜡，不论在扩展性方面，在强韧性方面，还是耐热性方面，宇宙间没有可以和它比拟的东西。

我们去看一看蜂巢的内部，更要吃惊！从顶挂下好多片巢脾，直延到稍离底处，各片间都离开一厘米左右的空隙。巢脾的两面，排列着用薄薄的蜡壁隔开的六角形小房。各面小房都是底和底相接，房底稍呈三棱形。这巢房的构造，不论在材料、面积、重量方面，都是最经济的，大概更好的理想建筑物，此外没有了吧！

六角形的构造，是一种自然法则。凡圆筒形的物体，左右前后受压时，它的截断面就成六角形。所以有些人说，蜜蜂造六角形巢房，用不着大惊小怪，这无非是机械地相互干

蜂巢，左角示蜜蜂发育的顺序

涉的结果，并不是构造者的本领。如其我们把许多小小的粉团，满满地装进瓶内，使它们互相挤压，也都成六角形了。可是，瓶内的粉团，原是各个分开的，所以有互相干涉的机会，蜜蜂六角形的巢是连成一片，不能互相干涉的。而且我们试把蜜蜂正在

构造的六角形的巢房仔细观察一下吧！它们造巢房的第一步是房底，四周已成六边形，以便上面再竖立隔离各室的六块壁板，可见构造者的头脑里，起初就有六角形的意识了。

那么，这小小的蜜蜂，为什么要造六角形的巢房呢？真难明白，难道它们起初是造圆筒形的巢房，后来发现种种不合理，逐渐改进，而达到现在这样完全境地吗？还是因为六角形有可以完全相密接的利益，而且容积又和圆筒形差不多，所以采用的吗？总之，我们现在看了这种蜜蜂，有根据六角形法则造巢的能力，觉得本能之外，它们也许有近乎理性的某种性能。从前以为人类以外的动物都是依本能而活动，没有理性和智性的。这种假说，实在什么根据都没有。本能和智性，智性和理性之间，并没有很清楚的界限。

三　蜜蜂中的三型 —— 女王、雄蜂和工蜂

蜜蜂女王所产的卵只一种，但由卵产生的蜂，倒有将来做女王的雌蜂、生殖器退化的工蜂和称为懒汉的雄蜂三种。同一卵子，能产生三种不同的蜂，从前认为是一种神秘。现在已稍稍明白它的缘由，这里且大略地说明一下。

女王产卵的房有三种，一是工蜂房，小型，最多；一是雄蜂房，比工蜂房稍大；还有一种称为王台，面积要比别房大上几

倍。女王产卵时，还是有意地应了房的大小，产下各种卵子呢？还是无意识地随意将卵产在这些房里呢？奇妙的是，产在雄蜂房里的卵子，必定生雄蜂；产在工蜂房里的卵子，必定生工蜂。这样看来，不能不认作女王是有意识地分别产卵。

女　王

　　可是，王台中的卵子和工蜂房中的卵子，委实丝毫无异。试把卵子交换一下，便立刻知道，将原在王台中的卵子，移到工蜂房中，孵化出来必成工蜂；移入王台中的工蜂卵，孵化出来必成女王。可见，同一卵子，由工蜂的处理如何，有的成女王，有的成工蜂。在工蜂房中的幼虫，只受得少量食物；将来可成女王的幼虫室里，有浓厚蜂蜜和树脂、新芽等种富于养分的食物，几乎堆得把女王身子埋没了。它得到充分的营养，不但生殖器发达了，形体方面也和工蜂大有差异。工蜂身躯短、腹端圆，颚上没有齿，舌也短。可是王蜂呢，身躯长、腹端呈圆锥形，大颚上有齿，舌也长。而且女王腹面没有蜡镜，脚上没有采取花粉用的盏。

工　蜂

女王的毒刺弯曲而长，工蜂的刺短而直。它的颜色也和工蜂不同，带暗色而有光泽。此外，还可由种种实验，证明女王和工蜂的差别，只由食物的多少、房屋的大小决定，凡孵化后未到三天的工蜂幼虫，也可使它变成女王。

可是要成雄蜂的卵子，和要成女王、工蜂的卵子不同，是一种未受精的卵子。因为不论受精的卵子，还是未受精的卵子，都是从同一产卵管产下的，所以它们好像降到输卵管时才受精

雄蜂

的。若交尾时全部卵子都已受精了，那么不应该还有雄蜂卵。交尾口和产卵口完全分在两处。精子先在受精囊里贮藏着，等卵子下降到输卵管时，再行受精，这是蜂类中的通性。

近代爱特华特博士，对于蜜蜂的产卵，作了下面这样说明。

蜜蜂也和别的昆虫同样，不愿与血统相近的同胞交尾。同巢中的雄蜂，对于女王毫无交涉，不论巢内巢外，绝不交尾。未受精的新女王，向空中飞出时，为了要记忆自己的巢，必定在上空绕飞好多回，到了发现可做标识的某物时，便箭一般飞去，出发恋爱旅行了。见到周围飞翔最快，而最强健的别巢雄蜂，就和它交尾，不久，回到自己巢里来，像上面说过这样产卵。

女王从雄蜂受得的精子贮在受精囊里，不入卵巢，所以它的卵子，还全是未受精的。女王在三种大小不同的房产卵时，因房的大小，腹端屈曲的度数也不同。当女王将尾端插入小房中产卵时，因为狭隘，当然受一种压挤，腹部收缩，精子便流出而受精，反之，在宽大的雄蜂房产卵时，毫不受压挤，腹部不起收缩，同平时一样精子不流出，因此产下的便是将来成雄蜂的未

受精的卵子。

如其问一句，那么王台不是更宽大吗? 更不会挤压吗? 为什么它也收缩腹部，使精液流出，而产下可成女王的受精卵呢? 这除说它见了王台，有意识地产下受精卵之外，也没有什么其他理由可讲。

四 分封

蜜蜂社会，从春初起，女王和工蜂，努力从事于子孙的繁殖。像上面所说这样，女王在各房里产下了各种卵子后，工蜂便负起养护的责任，用称为"蜜蜂乳"的一种浓厚蜜汁，喂饲幼虫。到幼虫充分长成，工蜂使用蜡质物将房口封闭。于是，幼虫在里面吐丝、造茧、化蛹，不久羽化为蜂。一到夏季，女王产卵特别起劲，每天产三万多枚的，也并不算稀奇。普通一昼夜可产重量等于身体两倍的卵子。所以数量的增加，非常迅速。到了有翅居民，充满巢内，而巢又无法再扩充时，便起分封了。

分封时，一巢大约有三万到十万的工蜂。移动的命令一下，至少有一半工蜂伴着旧女王，一同从门口飞出。将要移动的蜂，正同发疯一般，嗡嗡发声，连花粉、花蜜都不去采了，但将来留在旧巢的蜂，好像毫不知有分封这回事，依旧平静地忠实服务。那么，应该留在旧巢的蜂和可以跟了分封的蜂，有什么区别点吗？这是现在还无法说明的奇异现象。不过在分封前，先有许多探子出发，大概是要把女王带到最安全的地方。

蜜蜂社会中，如其没有新女王，是不能经营新社会的。而新女王在旧巢中产生，又正是要分封的时候。所以，新女王即使已经充分长成，也不许它轻易出房，门口特地设一守卫，提防新女王逃出。

分封最适宜的天候一到，旧女王便带了一半工蜂，出发旅行，另筑新巢。留在旧巢的新女王，便从房中出来，等到天气晴朗，飞出空中和别巢的雄蜂交尾，受精回巢，成为完全的女王，像前面所说这样起劲产卵。留在巢房里的另外几只新女王，大都为先出的女王所杀，但也有带了一部分工蜂而再分封的。

这分封的团体，有时停留在树干上或篱笆间，集成直径约一尺的一团。这样经过几小时，方才向远方飞去，寻得枯木的空洞等，在那里造巢，免得和旧巢的同胞作生存竞争。

五　信号

蜜蜂的嗅觉很灵敏，它们不仅能依香寻花，若把别巢的女王或工蜂放进巢里，全巢必起骚扰，因为嗅得它们有各异的体臭，而且女王身上有一种香腺，不绝地分泌液汁，发散香气，巢中是否有女王，也能从嗅觉辨知。此外，巢内起某种变异时，工蜂所发的嗡嗡之声，各巢都有各异的音色。这些体臭和鸣声，就是蜜蜂社会的信号，使各工蜂采蜜回来时，不致误入别巢。可是蜜蜂还有神妙的地方，简直使人这样怀疑，难道蜂群中有一种言语吗？

工蜂发现了某种花，采了许多蜜回来时，巢中同伴必定立刻接二连三地出发。而出发的只数，又完全以彼处蜜量的多少为准，绝不会在必要以上的。这时，便有两个疑问要发生了，一、蜂怎样知道该出发的只数？二、工蜂怎样把新花所在地，通知同伴，还是引导它们去呢？夫利休教授，曾经做过一次试验，在工蜂身上，涂一种颜料做记号，一方面把蜜汁或其他蜂爱吃的食物放在一定场所，这有记号的工蜂，回到巢里来时，将有什么举动，一一留意看着。他由这试验，居然解决了上面两个疑问。

工蜂吸收了多量的蜜汁回来时，就在巢房内作一种回转舞。在它邻近的工蜂，看到这种回转舞，知道已找到蜜量很多的花，都赶忙飞向野外。反之，若某工蜂只采得少量蜜回来时，它并不跳舞，别的工蜂也不外出。换一句话，这回转的跳舞是一种信号，是通知同伴已发现蜜量很多的花时用的。

工蜂怎样把新花所在地通知同伴呢？从前大家以为寻得这花的工蜂，把同伴带了去。其实，别的工蜂，不等发现者引导，立刻飞出巢外。它们在一两里内，热心搜寻。可是，这种搜寻，并不是毫无根据地瞎撞乱碰，它们是有依据的。发现者得蜜归巢时，体毛上必定带着这花所有的香气。它在巢内跳舞时，使这种香气发散，而且别的工蜂也爬到这发现者跟前来，辨认这香气。

它们是以这种香气为目标，到处热心访求的。

可是，花里面也有许多没有香气的，那么它们又拿什么做目标？这种质问，当然要来的。最近有一种有趣的发现，蜜蜂有能够伸缩的一种分泌腺，开口在尾端附近，这分泌腺所发散的香气，即是我们人的嗅觉都闻得出，在蜜蜂，当然更容易辨认。某工蜂发现含有多量蜜汁的花时，一面采集花蜜，一面将自身固有的香气，从分泌口发散。所以不管这花有香无香，工蜂自己的香气，已经发散在这花上，别的同伴当然立刻能够寻得。

若雨天连续，花已飘零，出去采食的蜂也少。可是，到天气再晴朗，这新发现的花又开，从这花归来的工蜂，又在巢内作回旋舞时，巢内便骚然了。曾有在这花上采蜜经验的工蜂，绝不能再停留在巢中，统统向这花飞去。

工蜂里面也实行分业，有采花粉的和采花蜜的两种。但跳舞的姿态，也各不同。采花蜜的蜂，回旋的圈子很小，三十秒内，可旋十几回，而且不是向同一方向旋的。采花粉的蜂的跳舞，回旋得更优美而迅速。以头部为中心，先向右侧旋半圈，再向左侧旋半圈，普通少则旋了四回，多则到十二回，便休息了。这种举动，刺激了周围的工蜂，有些像狗运用嗅觉似的，集到采集者身边来，想讨得某种新消息。

六 尾上针

我们若走近蜂巢，想看看它们造巢的情形时，往往要中暗箭的。被蜇的部分，立刻红肿，和浸到热水里一般疼痛。被这般小小的蜂放了一针，要这等疼痛难忍，真叫人不信。

我们若用布片包了手，捉一只蜜蜂来，在它的肚子上面轻轻挤压，便有发一般细，褐色的锐针，从尾尖出来。这就是蜜蜂防敌用的武器，保护自身的短剑。平常防尖端要钝收藏在身中的鞘内，到危险迫身时，突然放出。

倘蜜蜂的针，只不过尖锐罢了，那么即使被刺，也不会感到怎样疼痛。我们觉得痛的，就因为针上涂有毒汁。试压挤它的腹部，那么从尾尖出来的针头上，有清水似的液体，这就是惹起疼痛的毒汁。

蜂是个吝啬鬼，螫刺时出来的毒汁，真正一些些。可是藏在身体里的却很多，出来的只不过几十分之一。

好像准备不论哪时立刻可用似的，这种毒汁满满地藏在针根的小囊里。当用针刺时，这囊一缩，便有一些毒汁，沿着针上的小沟流出，同时注入伤口。

贮藏这种毒汁的囊，构造很有趣，所以想讲一讲。当压挤它的腹面，针从尾端出来时，用镊子钳住，慢慢地拉，那么针便被拔出，而且针根还有小小的一粒白囊跟了来。这就是毒汁的囊，看着虽小，倒足够用几十回呢！而且一面用，一面在制造新毒汁，所以囊里常常满的。

放了刺的蜂，只怕有什么危险到来，所以赶忙逃走，有时连针也来不及拔，就这样留着飞去了。因为针尖更有许多小钩，一次刺入皮肤后要拔出来的确要费好些工夫。这时，不仅针，连内脏毒囊都留下，所以蜂不久死去。

被刺的人，当拔取留在伤口的针时，总去撮针根粗的部分。他们认为这是针根，其实是毒囊。这毒囊往往在指间挤破，贮在囊里的毒汁，都沿针流入伤口，疼痛格外厉害。所以拔针时，必须撮住细的部分。

这般毒的东西，若去尝一滴，一定要痛得死去活来，谁都要这样想吧！其实，即使把毒汁放在舌头上，也并不怎样，既不酸又不辣，完全同水一般。把它吞了下去，后来也不发生什么疾害。简单说来，虽叫作毒汁，其实是没有毒的。

蝶

一 食肉性的小灰蝶

每当日丽风和、草长花放的时候，便有各种美丽的蝴蝶，在枝头草上翩跹飞舞[1]，报告春已到临。其中鼓着小小的青色翅膀，徘徊于紫云英上的，便是小灰蝶。

它们好像不知道什么叫不安，什么叫压迫。有时雌雄相戏，追求生物共通的恋爱生活。雌蝶灰色，装饰并不鲜艳，雄蝶多是美丽的赤色、青色、紫色。

紫色小灰蝶（Amblypodia japonica f. drornicus）是我国南方常见的，两翅张开，只三十六毫米左右。翅是黑色，只中央带紫色，翅的底面是灰褐色，又有暗褐色的细纹。当两翅竖着时，简直和枯叶一般无二，它们借此瞒过雀类和杜鹃的眼。但又怕减少了和异性认知的机会，所以不停开合翅膀，要露出

紫色小灰蝶

1.翩跹飞舞：轻快地旋转舞动的样子。（编者注）

表面的紫色来表示自己的存在。

乌小灰蝶（Thecla w-album f. fentoni）两翅张开有三十毫米左右。翅是黑褐色，前翅的外缘附近有一带白色，底面是暗褐色。后翅有略成"W"形的白带，外缘有一条橙色纹。幼虫要吃苹果等树的叶子。产在我国北方。

乌小灰蝶

燕小灰蝶（Everes argiades f. kauaii）是分布于全世界的普通种，

但形态常因气候而有变更。两翅张开达二十四毫米。翅是紫蓝色，外缘黑色，缘毛是白色，斑纹及后翅的尾状突起是黑色。雄蝶全部黑色，但有橙黄色的斑点。

燕小灰蝶

全世界属于小灰蝶科的蝶类，已经知道的有七百多种。在我国的当然也不少，怕读者要感到乏味，

不再一一列举，只把幼虫和蚁共栖的事实，来大略一讲。

波纹小灰蝶（Lampides boeticus）翅青白色，是产在热带的豆科植物的害虫。它们的幼虫，常被蚁围绕着。蚁一面头对

波纹小灰蝶

头地挤着，一面用触角碰这幼虫，或轻轻地敲打它的腹部，仿佛

我们的呵痒[1]。于是，幼虫兴奋起来，便分泌一种甘露给它们吃，因此，它们常受蚁的保护。有时我们竟能在蚁巢中看到这种幼虫。

地中海沿岸有一种叫作泰尔苦斯·台亚夫刺斯斯（Tarucus theophrostus）的小灰蝶，常成群飞翔。幼虫绿色扁平，要吃枣树的叶子，有时竟把全树吃得只剩光杆。这些幼虫，必定有一种蚁跟着走。当幼虫成熟化蛹时，蚁便衔了搬运到自己的窠里去，用土盖着，好好地保护。当蛹羽化成蝶时，也有因两翅不能展开而横倒的，蚁便赶忙跑去扶起。

蚁肯保护小灰蝶幼虫的理由，像上面所说，因为它们能分泌甘露给蚁吃。幼虫的第七环节后缘中央，有一条横沟，生着一种瘤状突起。这瘤状突起，常分泌一种蚁爱吃的甘露。蚁一发现了这种小灰蝶的幼虫，便把以前很重视的蚜虫，弃若敝屣[2]，一齐集到这边来。所奇怪的是，第八环节，气门的后方还有两个管状突起。这是有什么作用，现在还不曾知道。据独猛氏的主张，大概是发散某种香气，引诱蚁类用的。

但并不能说一切小灰蝶的幼虫，都是有利于蚁的。像印度所产的利夫刺·蒲刺索利斯（Liphyra brassolis）小灰蝶，常产卵在职蚁的巢穴左近。从卵孵化的幼虫，便潜入蚁巢中，捕食蚁的幼虫。它们也同别的小灰蝶的幼虫同样，形状恰像蛞蝓，身子扁平，两侧有刃状物突出，而且背部和两侧都像甲壳般的硬化，各

1.呵痒：一种玩笑动作。呵手搔人腋窝或腰际易痒处，使其发笑。（编者注）
2.弃若敝屣：敝：破；屣：鞋。象扔破鞋一样把它扔掉。比喻毫不可惜地抛弃掉。（编者注）

环节的关节,也看不清楚。只腹部中央是柔软的,但两侧也密生毡毛,能够避免蚁的攻击。它们的头部,即便被蚁咬住了,只需向坚牢的胸板下面那么一缩,蚁便无可如何了。

蛹也在蚁巢中。所奇异的就是,由蛹羽化而出的小蝶,鳞毛很容易脱落。它们略略一动,鳞毛便像尘埃似的飞起。有时,蚁看见有蝶而去攻击,它便使鳞毛纷纷脱落,自己安全地飞出巢外了。

像这样食肉性的蝶类幼虫,在小灰蝶中也不少,日本有捕食竹上蚜虫的碁子小灰蝶(Taraka hamada f. thalada),我国台湾更有不少白纹黑色小灰蝶的幼虫,身上盖了一层白蜡,在捕食介壳虫和别的昆虫。此外,捕食蚜虫的小灰蝶,还有下面 碁子小灰蝶
五种: Gerydus chinensi(中国产),Feniseca targuinius(美国产),Euliphyra mirifica(阿根廷产),Lycaena arion(欧洲产),Aphnaeussyama(我国台湾产)。

二 奇妙的木叶蝶

古人对于昆虫发生的经过,不大清楚,往往用种种臆测的化生说来说明。如"腐草化为萤"就是一个著名的例。对于蝶,

也同样硬说是树叶所化。《庄子·至乐篇》说：

"陵舄得郁栖则为乌足，乌足之根蛴螬，其叶为蝴蝶。"

在《北户录》中，更有一则不容忽视的记录：

"段公路南行，历悬藤峡，维舟饮水。睹岩侧有一木五彩，初谓丹青之树，命仆采获一枝，尚缀软蝶，凡二十余个。有翠绀缕者、金眼者、丁香眼者、紫斑眼者、黑花者、黄白者、绯脉者、大如蝙蝠者、小如榆荚者。因登岸视，乃知木叶化焉。"

峡以悬藤为名，是桂粤一带的风土，这一带正是出产木叶蝶的地方，所以这位段先生所看到的，也许是木叶蝶。因形态和木叶一模一样，因此就发生了"木叶化焉"的误会。现在且把木叶蝶的形态和习性来讲一讲，证明我的推测也有几分合理。

木叶蝶（Kallima inachus f. acerifolia）两翅张开有六十六至九十毫米。翅的正面很美丽，是紫蓝色。前翅上还有一条橙色的阔带。底面却多是暗色，像浓褐、赤褐、黄褐等，全都是枯叶的颜色，还加上像木叶中肋、横肋似的纹条。这中肋似的纹，还

木叶蝶

一直延长到后翅的末端，看起来更加像木叶了。更奇妙的，这上面还有暗色的斑点散布着，好像枯叶上的徽斑，而且这些斑点的排列，又毫不整齐。所以当它们竖着翅膀，静止在枝头时，谁都要当枯叶看。日本昆虫学家松村松年曾采集了几十只木叶蝶，而斑纹、色彩，没有同的。所以《北户录》中要用什么翠绀缕、金眼、紫斑眼等来形容了。

当不必提防外敌的时候，它们便把翅不绝地开合，使同类知道自己在哪儿。万一瞒骗不过，而强敌已逼近时，便向森林的枯叶间落下，横卧在叶间，谁也辨认不出。

三　有趣的粉蝶

粉蝶科中的蝶类，大都是中等体形，常常集在花上。有时，牛马的粪尿上、雨后的水潭上以及河边的沙砾上，也有它们的踪迹。体色多是白色，但也有黄色的。现在把有特征的几种说一说。

黑脉粉蝶（Aporia crataegi f. adherdal）是两翅张开有七十六毫米左右，白色，稍稍大型的蝶。翅也比较阔大，外缘和翅底是黑色，翅脉也是黑色。粉蝶科里，有黑翅脉的，只这一

黑脉粉蝶

种。身子黑色，上面密生灰白色的毛。分布在欧洲、朝鲜和日本北海道。本来粉蝶的幼虫，通常只生着短毛，这黑脉粉蝶的幼虫，却生着比较长的体毛。它们在苹果树的枯叶内越冬，一到次年早春，便起劲食害苹果树的新芽。蛹是白色，上面有黑纹和黄纹，经两周左右而羽化。这种蝶却有一特点，就是当从蛹化蝶而外出时，从尾端渗出血一般的排泄物。这是蛹时代所分泌的尿液。当多数黑脉粉蝶一齐羽化时，往往将枝叶和地面染成鲜红。在德国就叫作"血雨"。从前迷信很盛的时代，德国人说这些是最美丽的血，是某人将遭横死的前兆。而且还发生过二万多犹太人，因此作无辜牺牲的大惨剧。

云间黄裙蝶（Anthocharis scolynus f. kobayashii）两翅张开有四十五毫米左右。翅是白色，横脉上一点和翅端是黑色。雄的前翅末端是橙黄色，底面有灰绿色粗斑，当静止的时候，恰像一种植物的叶子。后翅底面的斑纹和满天飞行的灰色云块相似，所以有这样一个名字。雌蝶前翅的表面，全是白色。分布在我国、朝鲜、欧洲等地方。

云间黄裙蝶

卵子起初是白色，后来现橙色，到孵化前竟带紫色了。幼虫栖息，和十字花科植物碎米荠的枝叶间。它的形态和碎米荠的角相似，它们淡色的亚背线，和角的缝线相当，而且保持着一定比例，跟着角的长大而长大，所以，要发现这种幼虫，的确相当困难。它们更喜欢吃种子，所以有种子的时候，是不吃荚的部分的。到了七月底，化成细长的绿色的蛹，就这样越冬，到第二年四五月里羽化。有时竟忘却羽化，以蛹的状态，睡眠到二十个月。

红裙粉蝶（Hebomoia glaucippe f. liukiuensis）是比较大型而美丽的蝶，两翅张开有一百毫米左右。翅是苍白色，前缘暗褐色，翅端是美丽的赤橙色，中间还有四个暗黑色的斑点。雌的色彩较淡，成黄色或暗灰色，后翅外缘暗色。各室有暗色纹，分布在我国、印度、南洋等地方，每年从四月起发生。虽到处都能看到，但它们飞翔迅速极快，难以捕获。

粉蝶（Pieris rapae f. crucivora）是到处都有的，两翅张开，约五十毫米的白色蝶类。全翅底面的一半和正面的前缘是灰白，斑纹是黑褐色。雌的比雄的大些，黑褐色的部分也较多，斑纹更显明。它们产卵时，为了避免弟兄们争夺食物，所以决不把二三百粒卵子产在一起。它们是向食草的叶背，一粒一粒地产卵。卵子孵化成绿色的幼虫，

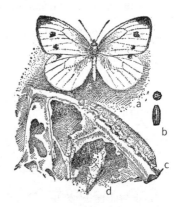

粉蝶的生活史

a.成虫（雌）；b.卵；

c.幼虫；d.蛹

再过两三星期，就变成一寸左右的青虫。于是，它们离了食草，钻入篱边草丛中化蛹。再过一星期左右，又成白蝶，而在花间翩跹

飞舞了。

这种蝶的幼虫，是十字花科蔬菜的大害虫，有好几种寄生蜂要寄生在它们身上。最普通的是一种小茧蜂。我们往往在粉蝶蛹的近旁，看到多数集合的白色小茧。这就是小茧蜂的幼虫从粉蝶的蛹内出来所化成的蛹。被这些寄生蜂和寄生虫杀害的青虫，约占七成半，所以粉蝶不能十分繁殖。

有时这些寄生蜂类，因某种缘由而不发生，适宜于粉蝶发生的天气，又一天一天地持续着，它们以非常迅速之势繁殖。奥国曾有一次大发生，连火车都被阻住[1]。陀鲁博士曾有关于这事的记载，将大要抄在下面吧：

"从前粉蝶幼虫成灾的时候，它们甚至将有些植物吃尽了，成群爬到路上，简直让人们不能出门。像从蒲鲁尤市到蒲拉古市的火车，也竟因此停开，因为被轧死的青虫的体液，会使轮子空旋。这似乎是不可信的，但这确实是我亲眼所见的。那些大象咧、水牛咧，都不能阻止火车，而这样小小的青虫，却能阻它行进。后来，人们在轮子上加了铁索，好容易才让它照旧行驶。"

1.阻住：挡住、阻挡。（编者注）

四 蛱蝶

　　蛱蝶科中多是中等身材，常在花间往来，有时集在树脂上，有时在河边沙砾间徘徊的蝶。这科有一种应该特别说明的特征，就是前肢退化，爪缺如。属于蛱蝶科的，现在已经知道的，全世界共有五千多种。现在把这科内有特性的两三种蝶，简略地介绍一下。

　　小紫蛱蝶（Apatura ilia f. substituta）是两翅张开达六十八毫米左右，中型的美丽蝴蝶。雌有橙黄色的翅，雄的翅是黑褐色，中室是橙褐色，此外再加黑色、橙色及黑褐色的斑纹。有时静止在柳叶上，夸耀似的将两翅开合不停。这好像要将美色来引诱雌蝶。若鸟及其他动物近去，立刻竖起翅膀，作准备飞翔的姿势。它们翅上的黑褐色，能因太阳光线的方向，变成各种紫色闪光，直到颇远处都能看到。虽没有人看见这种蝶吸食花蜜过，但知道它们也要舔食糖汁的。因为曾有某采集家用糖汁诱捕蛾类，而连这种蝶也捉得了。那么究竟吃什么度日呢？答案是，好像是吸收树干的液汁。但最喜欢的还是动物的腐肉，

小紫蛱蝶

猫、狗、鼬鼠等尸体的肉汁，是常食的佳肴。据哈蒙斯博士说，用臭气熏天的牛酪，可将这种小紫蛱蝶诱来。它们有时集在牛粪、马粪和别的兽粪上。若炎热的夏天，也有在森林中小河水边喝水的。有时，静静地停在高高的树梢头，等待同类飞近来。若雌雄相遇，就立刻飞起跟了去。我们若利用它们这种特性，将网引诱，倒可捕获许多。现在大都会附近，这种蝶逐渐减少。像伦敦、柏林、巴黎等地方，只能在博物馆看它们的标本，野生的很难遇到。它们的幼虫绿色，头部有两只长角，要吃柳树的叶子。

赤紫蛱蝶（Hypolimnus misippus）是热带和半热带地方的蝶，国南部一带常能看到。它们虽从东洋一直分布到阿非利加，但不论哪处，数目总不多。这蝶有趣的地方，就是雌雄异形，雄蝶两翅张开，只六十毫米。但雌蝶却大得多，

赤紫蛱蝶（雄）

有九十毫米左右。雄蝶是橙色的翅，上面散着白色的斑点；雌蝶是紫蓝色，前翅前缘及翅端的大半是黑色，斑纹是白色及黑色，脉和外缘也是黑色。雄蝶的色彩和斑纹，大概相同。但雌蝶呢，即使是一母所生，色彩和斑纹也大大不同。这事却苦了采集家，有时竟错误加上各异的学名。它们色彩、斑纹要这样变化，的确好像另外有某种理由。就是这种雌蝶和一种桦纹斑蝶很相像，在野外看到简直难以分别。若制成标本，容易辨别，桦纹斑蝶的雄蝶后翅有臭腺，而它们只有黑纹。桦纹斑蝶也是我国闽广一带最普通的蝶，能渗出

一种毒液，从各种动物的追击中逃出。而赤紫蛱蝶的雌蝶，就模仿它们，也想同样逃出食肉性动物的虎口，这就是赤紫蛱蝶的色彩、斑纹有种种变化的原因。它们的幼虫，专吃一种杂草马齿苋的叶，所以倒是一种益虫呢！

赤蛱斑蝶（Aroschnia leveana）是当春雪融净后，就在森林道上，或飞或止的小蛱蝶。所以它们是蛱蝶中最早出来的一种。两翅张开有三四十毫米左右。翅黑色，分布在我国北部一带。这种蛱蝶的特别点，就是它们的色彩、斑纹，因生长时的温度高低而变化。这种蝶每年发生两回，四五月里出现的，翅黑色，上面有橙色斑点散布着，

赤蛱斑蝶

这叫作春型（forma levana）；七八月里出现的，翅全部黑色，上有"八"字形的白条，这叫夏型（forma prorsa），像这样变换色彩的，叫作气候的二型。第一回蝶是由越冬的蛹所羽化，而这种蛹便是夏蝶所产的幼虫所化的。当初被它们的换形术瞒过，连采集家都认为是两种蝶，替它们各个取了一个学名。最初揭破这种黑幕，发现春型、夏型原来是同一种的人，是德国道尔夫马矣斯台尔氏。那位有名华斯蒙教授，是这样说明，春型是祖先型，而夏型是因气候变化而来的后得型。大概当冰河时代，这种蝶全是春型。后来，冬季缩短，气候渐渐暖起来，夏型方才发生。所以有一个有趣的实验，我们如果把应该成夏型的蛹捉来放在

冰箱里,那么它就化成春型了。反之,要将春型改成夏型,虽不是不可能,但手续比较麻烦。而且,还可由增减温度,人工地造成种种中间型的赤斑蛱蝶来。可见自然界是有种种变化的,现在还不断地进行。

五 凤蝶

凤蝶,有凤子、凤车、鬼车等异名。形大色美,在蝶类中,的确是百鸟中的凤凰,得到这样一个堂皇的名字,也是应该。关于凤蝶,又有一种神话,说是一对得到悲惨结局的恋人梁山伯、祝英台,死后魂化为凤蝶,依旧形影不离地在花间徘徊。有的就把黑凤蝶叫作梁山伯,把黄凤蝶叫作祝英台。属于凤蝶科的蝶,全世界共有八百种,现在就选两三种来讲讲。

黑凤蝶(Papilio demetrius)是黑色种内最普通的一种,分布在我国中部、南部。两翅张开,有九十毫米到一百二十毫米。前翅暗色,有两黑条,后翅是同天鹅一样的黑色,但环纹和弦月纹是橙色。尾状突起短而黑色。雌的颜色淡些,比雄的更大。幼虫要吃橘树的叶。成虫是吸花液,百合花、

黑凤蝶

杜鹃花上尤其常见它们的踪迹。

凤蝶的有趣习性，就是有一定的会集场所，那边花咧、草咧，可吃的什么都没有，但某时期大家一定去聚一聚。大概因为到那边去，容易碰到异性吧！我们有时看见它们沿着高高的山脊飞行，这大概是赴会去的。只教把它们山顶会集场所找到，便不论多少只可以捉得了。我国台湾人常常把雌的黑凤蝶作为囮[1]，坐在河边，等待雄蝶飞来。这是利用它们强烈的性欲本能，可以毫不费事地捉得。有时黑凤蝶的会集场所设在河滩头，尤其是炎炎夏日，它们必定要到这里来喝水。这时，即使不用囮，如其肯耐着心等待，也可捉得许多凤蝶。

亚普罗薄翅白凤蝶（Parnassius apolla）产在欧洲山地，两翅张开，有三十毫米，翅污白色，有黑斑，后翅有很大的红斑。它们遇到胁迫时，便会装死，落在地上。这时，即使用手去捉它，也毫不动弹，把它投掷开去，也毫无反应。若把它放在枝叶上去试试看，仍旧装着死腔，一动不动。要经过了多少时间，再给它一种刺激，方才动起来。这也许是后得的一习性，因为装假死来避免敌害，是动物的通性。

此外，这蝶还有一特别点，就是雌蝶的尾端，有一卷附属物。这究竟有什么用处呢？过去谁也不曾说明，最近据日本松村松年氏说：这卷状附属物，是交尾时候雄蝶的分泌物，触空气而硬化的。所以这是受精的证据。有这等附属物的雌蝶，可以断定已经不是处女了。这种附属物的形状和颜色，各个不同，普通是

1.囮：本意是指捕鸟时用于引诱鸟的鸟。这里指引诱蝴蝶的蝴蝶。（编者注）

白色,也有淡黄,也有灰白。

此外,还有翅上有两重圆斑的蛇目蝶科,像小蛇目(Mycalesis francisca f. Perdiceos)、黑蛇目(Lethe diana)等,以及小型而翅上多白色斑纹的弄蝶科,例如茶弄蝶(Hesperia Zona)、一字弄蝶(Parnara guttata f. assamensis)等。因为没有什么特点可说,也就省略了。

六 卵和幼虫

谁都知道蝶是要经过几次变化,就装上美丽的四翅,向空中翩跹作舞。所以发生方面,不再详说,只把各科的特点,来介绍一下,以供采集时的参考。

蝶类的卵,若用显微镜扩大了看,便知道有种种形状。凤蝶科的卵,大概是球形,像珍珠般发光;粉蝶科的是细长,而且像个酒瓶,有些上面还有纵襞;蛱蝶科的卵,同珍珠结成的球一般,有纵襞和网孔状突起;小灰蝶科的,多成大丽花形。

它们产卵时,以一粒一粒产为原则,但黄凤蝶(Luhedorfia japonica)以及属于蛱蝶科的,是几粒几粒产的。至于附着卵的位置,更没有什么系统。像凤蝶科里,凤蝶(Papilio xuthus)是将卵附在将来的幼虫食料的柑橘等树的叶子表面,但黄凤蝶恰一定要产在叶底面,粉蝶和黑筋蝶(Pierisnapi f. nesis)是产在叶底，而同属粉蝶科的黄纹蝶（Colias hyale f. poliographus）却要产在叶面。至于那有名的木叶蝶，偏偏不把卵子直接产附在幼虫要吃的山靛（Sapium sebiferum Roxb）上面，却去产附在覆盖在山靛上空的大树枝上，孵化的幼虫，从枝落下恰巧达到山靛的叶上。

蝶类的幼虫，我们常常叫它青虫，或毛虫，构造和蚕一般无二，全身可分为头部以及由十三环节而成的胸腹部，第一到第三环节，各生着胸足一对；第六到第九以及第十三各环节，都生着一对腹足。可是形状方面，真是千奇百怪。诸位大概总见过吃橘树和柚树叶子的橘虫吧！如果去碰它们一碰，立刻从第一环节的背面，叉叉地伸出两只黄色肉角，发散一种臭气。这就是凤蝶的幼虫啦。凤蝶科的幼虫，统统有这样的肉角。

凤蝶的幼虫，当从卵孵化出来的时候，并不是这样绿油油的。最初是褐色中夹着几块白斑，一看要错认作鸟粪。后来，随着长大，而逐渐变化的。

粉蝶科的幼虫，形状多平凡，身上生满微毛。蛱蝶科的幼虫，头部和胸腹部都有刺状的突起，所以通常叫它毛虫，不过这突起也因种类而有长短的。小灰蝶科的幼虫都成馒头状，把头部缩进。

蝶类的幼虫，有许多都集在叶底吃叶的，但喜欢在叶面的也很多，而且还有些用丝攀住叶子，固稳地集在上面的。像蛱蝶科中的墨蝶（Dichorragia nesimachus f. nesiotes）等幼虫，当移向另一片叶时，常把头向左右，呈"8"形地摆几摆，就挂上一根丝。此外,像赤蛱蝶、黄蛱蝶(Polygonia c-aureum f. Pryeri)和绿小灰蝶(Zephyrus taxila)的幼虫,常将所吃植物的叶子用丝卷起来,或者将几片叶牵拢,自己住在里面。

蝶类幼虫,不像蛾类幼虫那样,把全无类缘关系的多种植物都放在肚子里,是只吃几种类缘极近的植物。类缘相近的蝶类幼虫,又往往吃同一种的植物,像凤蝶科多吃柑橘类,纹白蝶科多吃十字花科植物,蛱蝶科的小紫蛱蝶和墨蝶多吃朴树的叶,蛇目蝶科的全部和弄蝶科中多数多吃禾本科的叶子。小灰蝶科幼虫的食性,稍稍和别的不同,像波纹小灰蝶、琉璃小灰蝶(Lycaenopsis argiolus f. ladonides)、小燕小灰蝶(Satsuma ferrea)等的幼虫,是喜欢吃花和嫩果的。最特别的是碁子小灰蝶的幼虫。它要吃竹叶上的一种蚜虫。蝶类的幼虫,大部分是吃植物的叶子,连蠹入髓部和吃贮藏的谷类的都没有,这种食肉性的碁子小灰蝶,倒是放一异彩的。

七 倒挂的蛹和长寿的蝶

蝶类的蛹,大概多灰褐色和绿色。但形状方面,却各不相同,像蛱蝶科、凤蝶科、粉蝶科、弄蝶科的蛹,前端常有长的突起;凤蝶科、蛱蝶科的蛹,有的身上有凹凸,有的有多数突起;小灰蝶科的蛹,呈馒头形。关于蛹的色彩方面的有趣现象,是绿色的蛹多附在绿叶间，褐色的蛹多附在树干和墙脚上，动物适应的奇妙，真叫人惊叹。发生这种现象的原因，虽还不曾研究明白，大概是化蛹前受周围色彩的影响。

蝶类的蛹，大体都是不在茧里的，不过幼虫要卷叶，或要几片叶牵拢的种类，蛹也仍旧在这些里面，尤其是弄蝶科的，坚牢地将几片叶缀合，简直不妨说是茧。凤蝶科、粉蝶科、小灰蝶科、弄蝶科的蛹，用丝将尾端牢牢地附着在他物上，还绕着后胸或第一腹节部分，成束带状地络住。蛱蝶科、蛇目蝶科等，光把尾端固定，蛹却颠倒地挂着。所以前者叫作带蛹，后者叫作垂蛹。

蝶类多在晴朗的昼间飞翔，但蛇目蝶科和弄蝶科中有几种，常常像飞蛾一般，夜间扑火飞来。就是昼飞的蝶，也各有一定的出现时间。例如，绿色小灰蝶之类，常在清晨和傍晚出来，在高高的枝头群飞。它们喜欢飞翔的地方，也是因种类而各异。多数爱在阳光照耀之处。但蛇目蝶科中，多喜在阳光照不到的阴地。

蝶类是比较要算长寿的，大概可活到十多天，或几十天。它们经历了许多危险和艰难，到最后，这美丽的双翅，都弄得碎纷纷，尤其是鸟类，总是瞄准了翅上的斑纹而啄的，蝶就舍弃了这部分逃命。

八　神话和迷信

我国关于蝶的神话颇多，最普通的，是上面讲过的梁山伯和祝英台，也有说蝶是韩凭夫妇化成的。此外还有说是破衣服变成的，我就引一节广东《罗浮山志》吧。

"山有蝴蝶洞，在云峰岩下。古木丛生，四时出彩蝶。世传葛仙（晋朝炼丹的仙人葛洪）遗衣所化。"

日本人把凤蝶科的带蛹，叫作缢虫（因为项间有带络着），因而产生一种神话。说是当元禄年间，摄州尼崎的城主青山大膳亮家里，有一位家臣长名叫木田玄蕃。有一天，他在进膳时，发现饭里有针，心想一定是烧饭的女婢阿菊，有意要谋害他，就把她抛入井中。此后每到女婢的忌日，寺里总发生这种虫。

埃及人相信蝶的变态，就是人类灵魂历世升天的缩影。因为蛹活像木乃伊。而且把蝶作为恶西利斯神的象征。希腊、罗马又把蝶作为社夫鲁神的象征。

英国各地，有关于蝶的种种迷信，例如见三蝶同飞，是将有死人的前兆；蝶入家中，主家族中将有人死亡；若是从窗口飞入的，那死的一定是幼儿；若停到你头上来，是特地给你送喜信；夏天，能捉得第一次见到的蝶，那么他将有种种幸福。

九 应用美翅的工艺品

"豹死留皮"，是一句很通俗的话。现在蝶类死后也都留下一双美翅，供人们应用。最普通，是从死蝶身上采来的美翅，就这样装在各种工艺品上，其中最美丽的，是用南美所产一种蝶翅做的。那些青白色的翅，光泽同丝织品一般，而翅脉又恰恰像褶襞，所以把它作为妇人的长裙，配上头、胸、两臂，装入镜框而出卖的也有。还有装在戒指上，或嵌入玻璃内，作为耳环上的装饰。在日本把蝶夹在两片玻璃中，做成花盆或茶杯的垫子而出卖的。

蝶类还有一种特性，就顺便在这里一说，作为全篇的结束。

我们知道，蝗虫是常要集成大群，远远地飞到别处去。但蝶类也有这等群飞的特性，尤其是赤蛱蝶，常常有关于它们群飞的报告。从前非洲曾有一次赤蛱蝶大发生，竟遥遥飞渡地中海，而到欧洲北部。据说，冒着逆风，在大海上飞行的蝶，恰像池面飘舞的落叶一般。有时，它们也会在水面上停翅休息一下。

日本在昭和五年八月二十一日那天，也有一字弄蝶（Parnara guttata f. assamensis）的大群，从近江的石山，经过大阪，直到垂水洋面。听说一字弄蝶的大发生，是和水灾有相当关系的。

蝉

一　种类和异名

　　当春蝉传来几声轻快的调子，人们便会不知不觉地有一种飘飘然的春感。即使不曾看到花开蝶舞，油蝉从绿叶茂密的枝头传播它煎炸似的声音，我真仿佛自己也在油锅中煎炸，它不但来报告夏季已到，而且要用这种单纯尖高的调子，凭空增加多少炎热。听到如泣如诉的秋蝉歌声，往往要起一种凄清寂寞之感。如果是诗人的话，便会写出"悲秋""秋感"的诗歌来。所以，昆虫世界里，即使有许多出色的歌手和琴师，但能够从春到秋，轮流地用各种相应的声调，使人们凭着听觉，便知道时令更迭的，除蝉之外，恐怕找不到吧。

　　《埤雅》上说："……谓其变蜕而禅，故曰蝉。"这是它得到这样一个名字的原因。日本人叫它"背见"，因为两颗高高突起的大复眼，自己能够看得到背脊。当晚春四月，蜜蜂正嗡嗡地在花丛中忙着时，春蝉便悠闲地在枝头开始唱歌了。接着而来，临风高歌的，是螗蜩、油蝉、茅蜩，到夏去秋来，更有多情寒蜇，低唱别曲，作最后的点缀，现在就按着它们出台奏演的节目单，来个别地介绍一下。

春蝉（Terpnosia pryeri Destant）又名贮母。《事物绀珠》上说："贮母似蟪而细，二月鸣。"其实要到四五月里才出现。体长二十七毫米，两翅张开是六十七毫米，黑色而有金毛。腹瓣短小，灰白色，基部暗褐色。常在山中松林里，"其——滑，其——滑"这样起劲地啼叫。

春 蝉

蟪 蛄

蟪蛄（Platypleura kaempferi Fabricius）的别名最多。方言："齐谓之螇螰，楚谓之蟪蛄，秦谓之蛥蚗，自关而东谓之蚗螀，或谓之蜓螀，或谓之蝭蟧。"更因为它是初夏才鸣，又名"夏蝉"，体形也较小，长约二十三毫米，两翅张开是七十毫米左右，体阔而扁，呈黄绿色，上有黑纹，前翅有不透明的黑褐斑。七八月里，从早到晚，不绝地在森林中，用"尼——尼——"或"西——西——"的清越声调歌唱。

油蝉（Graptopsoltria corolata Stal）是最普通的一种蝉，书上多称蜩，通俗就叫作蜘蟟或知了。体长三十六毫米，两翅张开有一百多毫米。身体肥厚，现黑色，胸部略带点褐色，肚子上面还有一层白粉盖着。两只大复眼的中间，有红宝

油 蝉

石似的三点单眼，在发光。翅是褐色，但前翅的脉现绿色，而沿着翅脉的两边，带些黑色，看去恰像树皮。在七、八、九三月内，常常到人家附近，用"其——其——"这般单调而高的声音，从清早直叫到日落西山。

茅蜩（Leptopsaltria japonicas Horv）身躯较小，雄长三十七毫米，雌长二十七毫米，体黄褐色，上有绿纹，腹瓣小，是带绿的黄白色。从七月到九月出现，每天朝上或傍晚，常常唱着"加那加那——加那加那——"这样简单曲调。同时期出现而又常常合奏的，还有一种蛁蟟（Pomponia maculaticollis Motschulsky）。

茅　蜩

寒　螿

寒螿（Cosmopsaltria opalifera Walker）有寒蝉、秋蝉等别名。体长二十七毫米，两翅张开有七十九毫米，体细长而黑，头、胸部有黄绿纹。到了秋天，它就在人家附近用哀婉凄清的歌调，来致惜别之歌，所以古人常用什么"寒螿泣"的句子。据《埤雅》上说，寒蝉本来是哑的，得了寒露冷，方才能鸣。这就是"噤若寒蝉"这成语的根据，因此它又得了一个哑蝉的称呼。

此外，还有美国的十七年蝉和产在南洋苏门答腊，两翅张开有二百毫米以上的蝉，算全世界蝉类中最大的皇帝蝉。

二 蝉的一生

　　雌蝉在出土后半月左右，便着手产卵了，它用一枝长的产卵针，斜斜地向树干插进去。这时，肚子一伸一缩，两刃穿孔锥静静地活动。到全部没入时，就伏着不动了。大约经过十分钟产下一颗卵，又不愿使产卵针弯曲似的将它缓缓拉出。于是用两刃穿孔锥开的洞，又自己闭合了。接着，产第二粒卵的工作又开始了。

美国产十七年蝉的生活史

A.拟蛹；B.蝉蜕；C.卵；D.产卵的树枝；E.成虫

　　大蝉的卵同白象牙般艳丽，两端略略尖细，成纺锤状，各卵排成一线，小蝉的卵比较要小些，排成整齐的几行。到了九月底，这种象牙般艳丽的白色，变成小麦似的褐色。一到十月初，前端有栗色的二圆点，透露出来，这就是小动物的眼点。当蚁一般的幼虫，从卵孵化出来，已是十月底了。它的卵期大约是六七星期。

正在羽化的蝉

这种幼虫从树上落下，或者跟着枯枝一同落到地面，于是它就向地中钻、钻、钻，直钻到三尺多深的地下，在那边吸收树根的液汁。这时，全体深褐色，肚部带点白色，而肚面的中央，还有一条乳白色的纵线，前肢的胫部，非常膨大而且有几个突起。我国古代叫它蝼蛄。

在地下蜕皮的回数，从来多说二十五回到三十回，现在知道的确只经过四回变成拟蛹就叫作腹育。拟蛹全体淡褐色，长着翅鞘，从地中爬出，攀登草木。经过最后一回的脱皮，便变成蝉。于是长长的黑暗生活完结，又重睹光明了。它脱下的皮，往往一径黏在树干上，这叫作蝉蜕。

留在树上的蝉蜕

成虫期十分短促，大约四五星期，便要死去。但幼虫期很长，普通是二三年，印度有九年的，美国有十七年的，十七年蝉（Trbicina seplendecim Linnaeus），在昆虫世界里，真好算寿星了。

蝉的地下生活期间是这么悠长，所

以每年要耕锄几回作物又常常变换的田地，不适于它的生长。只像森林、果园等，有树木而又不大耕锄的地方，才能成长。

终日歌唱的和平者，好像在人类生活上不会发生什么利害关系似的。可是从前美国，竟大大地吃它的亏，曾经有过"蝉灾"这么一回事，因为当它产卵时把种种树枝折断了。事情真有趣，一百年前吧，美国从英国移入了些雀，现在已繁殖得很可以，起劲地在捉蝉吃。可是，一方面，这些雀一到了秋天，就要糟蹋米壳，这真是"引虎拒狼"了。

三　蝉歌

我们试看临风高歌的蝉，只有一根针一般的口器。这种口器不用说唱歌，连咀嚼都不成功。那么，它终究用什么发出这样嘹亮的声调呢？《淮南子》上也说："蝉无口而鸣。"这无口而鸣，在古代认为是一件奇事。但《真珠船》上记载："余见蝉两胁下有孔贯，能振迅作声，谓以翼鸣，非也。"可见那时已经发现它的发声器所在处了。

雄蝉的胸部下面，紧贴后肢，有两块半圆形的板，这叫作腹瓣。我们试把这腹瓣揭起，左右有两个大大的空窝。窝的前面，有淡黄色、美丽的秋膜遮住。后面有肥皂泡似发虹色的膜，这叫镜膜。腹瓣、黄膜、镜膜，通常就叫它发声器。可是，你就是用镊将腹瓣取去，扯破了黄膜，割开了镜膜，它还是依旧唱个不歇，只不过调子变了，音声没从前那样响亮了。其实左右空窝是不发声的反响器，前后膜的振动，使音声更响，腹瓣或多或少地半开，使音声变化罢了。真的发声器还在别处。

蝉的发音器

　　粗心的人，要想发现它的发声器，倒是相当困难的。左右空窝的外侧，腹背接合的地方，有一个小小的孔，用平平的腹瓣盖着，里面是比左右空窝更深，但有十分狭的一条隧道。这叫鼓室。后翅着生处的后面，有卵色而低低的隆起，就是这鼓室的外壁。如果把它揭去，那么发音的鼓膜便看到了。这是白色卵形，向外突起的干燥的小膜，从这端到那端，有三条翅脉束通过，使膜有弹力，而且在两边又镶上了硬框。这突起的膜，被向里面拉去时，就变形而凹下，此后由有弹力的翅脉作用，急激地照旧突出。这样一凹一凸，便发生"格格"的声音。

　　我们在幼年时代，曾经玩过乒乓。这不是乒乓球，是用极薄极薄的玻璃制成的底部微微凸起的瓶子，衔在嘴里一吸，瓶底便一凹，接着又因玻璃的弹力作用，向外凸出。一凹一凸，便发生"乒乓"的声响。蝉类鼓膜因一凹一凸而发声的理由，完全和乒乓一般。不过乒乓因人们的吸气而凹下，蝉类的鼓膜，又是什么东西在拉扯呢？这是应该研究的问题。

油蝉

蛞蟟

寒蝉

三种蝉的曲谱

我们再看这空窝，把前面黄色的膜切破，就可看到苍白色呈"V"字形的二根粗筋肉柱，尖端附在腹面中线的内侧，这就是发音筋。两根都成空心的截筒形，再从截口放出短的细纽，名鞭突起，附在鼓膜上。由这两筋肉柱的一收一放，鼓膜跟着凹凸振动，便发出声音。再因空窝的反响作用，镜膜、黄膜的帮助，腹瓣的开合，才变成嘹亮抑扬的歌调。法国昆虫学家法布尔说它是"高叫的聋子"，终究是否聋，还不能决定，但声调的确很高，因为它有这样一架完美的发声器。

不过鸣的全是雄蝉，雌蝉是不会叫的。所以希腊时代有两句传诵一时的名句："幸运的蝉啊！你有哑巴的妻子。"

各种的蝉都按着各自的曲谱，抑扬高低地歌唱，这是谁都知道的。现在把油蝉、蝘蟟、寒螀的歌谱附在前面。当竹塌上午睡醒来时，不妨看谱听歌，看它唱错了不会。

四 敌人

一只雌蝉大约要产三四百颗的卵。因为在生长中间，将遇到种种危险，只好用多产来抵抗。可是，真想不到连长成后的蝉，还要受到比别的昆虫更多的灾难。它具有锐利的眼光、迅速的飞行力，而且又在高高的树枝上，不怕什么东西的暗算，似乎已具有避敌的十分本领了，但雀偏偏爱吃它。当它得意地高唱时，雀像很有计策似的，悄悄地从邻近的屋顶，钻入树荫，突然扑住了歌手。歌手虽大吃一惊，发出尖厉的声音，雀却毫不放松地用嘴交互向左右乱啄。雀知道这是雏鸟们爱吃的食饵，更细细裂成几片，忙忙地衔回去。有时蝉知道攻击者来了，就对准它的眼，灌射一泡尿而飞去。

还有比雀更可怕的敌人，这就是螽（zhōng）斯。蝉，耐着炎热，奏了整天的交响乐，一到夜里，总想休息一下，可是在这休息时间中，还要屡次受别人的打搅。有时从茂密的树荫中，漏出短促而尖锐的悲啼，这就是说明它已遇到夜间热心地打猎的螽斯的袭击了。螽斯扑住了蝉之后，先向它的腹侧开一个洞，把肚子里的东西拉出来。把各种乐器饱吃一顿之后，再将这歌手杀死。当这披着绿纱的强盗，追赶惊飞的蝉时，完全同鹰隼在空中追赶云雀一般。鸟类多向比自己弱小的生物进攻。螽斯恰恰相反，是要攻击比自己更大更强的巨人。它用强大的颚和锐利的爪去剖没有武器，只会高叫的捕房的肚子，是不费什么力的。至于螳螂捕蝉，更是大家都知道的。

五　冬虫夏草

我国药草里，有一种冬虫夏草，又叫蝉茸，这是向来认作一种奇异的东西。据说它冬季里便会化成虫，躲在泥土中。一到夏季，又化一根草，钻出地面来。假使你向药店里买一根来看看，的确上面是一根草茎，下面是一条虫。这不是一个宇宙间的谜吗？其实说穿了毫不足奇，原来就是蝉的拟蛹。地下是黑暗潮湿，很适于菌类的居住，所以当蝉的幼虫在地下过活时，难免要受菌类的攻击。有一种菌，寄生在蝉的幼虫的肚子里，就在那边发育长大，和寄生人们肚子里的绦虫、蛔虫一般。到了蝉的拟蛹时代，菌已长得在窄狭的肚子里容不下了，它就毫不客气地，穿出背片发芽滋长。这时，如果给人们掘得，便认作正在化草的虫，就叫它冬虫夏

蝉　茸

草。在唐代的《酉阳杂俎》中，有下面一段记载，倒可作冬虫夏草的旁证。它说："蝉未脱时名腹育，相传为蛣蜣所化。秀才韦翾庄在杜曲，尝冬时掘树根，见腹育附于朽处，怪之。村人言蝉乃朽木所化也。翾因剖一视之，腹中犹实烂木。"腹中的烂木，也许就是寄生的菌类，因此倒因作果，发生烂木化腹育的神话，我是这样想的。

不过冬虫夏草，也有由别种昆虫的幼虫变成的。

六　史话

唐朝时候，京城里那些游荡人，一到夏天就捉蝉出卖。嘴里连声嚷着："只卖青林乐。"小孩子争着去买，用笼子挂在窗口，听它的清歌。还有验它发声的长短，来定胜负的，叫作仙虫社（见《清异录》）。希腊时代，也同样常作娱乐品，将蝉放在笼子里养着玩。雅典的妇人们喜欢用黄金造的蝉，装在簪头，插向髻上。那时的竖琴上，多装上一只蝉，作为乐器的标识，这些更是用蝉作装饰品了。我们唐代的大诗人杜甫和韦某曾经有过关于蝉的一个故事。据说杜甫当有朋友来的时候，总要带自己的妻子出来见见。韦某见了回来，又差自己的妻子，送一只"夜飞蝉"去，给她作装饰品。但这"夜飞蝉"究竟是真蝉呢？还是也同雅典妇人们所用的黄金蝉一般，是制造的装饰品呢？那是无法考究了。不过《物类相感志》上有说，妇人佩戴着干制的茅蝉，能够增加夫妻间的爱情。因为这种茅蝉，当停在茅草根上时，是两两相对的。那么"夜飞蝉"也许是某种干制的蝉吧！汉朝时，有名叫牛亨的人，去问以博学出名的董仲舒，说："蝉的别名叫作齐女，究竟是什么意思呢？"董仲舒回答说："从前齐国有一位王后，怨齐王而死。她的尸体就化成蝉，飞上庭树，悲哀地叫个不休，吐吐生前的怨气，所以叫作齐女。"（见《古今注》）。这可算一则关于蝉的神话。

七　蝉和蚁的寓言

凡是有名的事物，总有种种关于它的故事发生，尤其是昆虫。凡具有某种特点能惹起我们注意的，就常采作民间传说的材料。创造这些故事的人，常把动物世界当作人间世界来演述。这般创造出来的故事，究竟是否真实，实在是一个大问题。

例如，儿童读物上常有看到的蝉和蚁的寓言。大意是说，有一只蝉，在夏天时，临风高歌，非常得意。到了冬天，因为没有粮食贮藏，向它的邻人蚁商借。蚁便说："你在夏天唱歌，那么现在跳舞好了。"可怜的蝉，便只好活活饿死。

这则寓言，在道德方面的缺点，且不去说它。从自然科学的知识方面看来，恰恰相反。能够独立生活的蝉，绝不会站在蚁巢口诉饥，只有凡是好吃的东西，不管什么向自己仓库里搬去的贪婪的蚁，倒有为饥所逼向歌人商借的事。不，其实不是商借。在掠夺者的习惯上，从来没有什么借咧、还咧。它们是将蝉围住，自己动手抢去的。现在我就讲一则大家不大知道的有趣的掠夺故事吧。

据法布尔说，当七月的午后，许多小虫都渴得发慌，在干萎的花上彷徨。蝉却哈哈冷笑，笑这般家伙的不中用。它停在灌木的小枝上，继续歌唱，一面举起针一般的嘴，在因晒热的树液充满而膨起的坚滑的树皮上，开一个孔，静静地、快活地喝水。

看了一会，又碰到意外的悲惨的事情了。许多在附近彷徨的渴者，望见了甘泉外溢的井，立刻向这边过来，细心地舐食溢出的树液。这甘泉的周围，有细腰蜂、小蜂，更有许多的蚁。

小的钻进蝉的肚子下面，直走向泉边去。和善的蝉，对这些要爬上身来缠扰的流氓，总让开一条自由通路给它们。但它们等得不耐烦了，它们就不管三七二十一地攻击，将开掘哨泉的人赶开泉边。

这攻击中，最不肯放松的就是蚁。我看到蚁咬住蝉的脚尖，拉它的翅膀，攀到背上，或弄它的触角。有时竟像要捉住蝉的吻，从甘泉中拔出。巨人被孩子们缠扰得再也忍不住了，终于抛弃这甘泉，放了一泡尿走开。蚁掠夺的目的达到了，它们是泉的主人了。不过，汲水的唧筒不动，井又立刻干了。

这则蝉向蚁借粮的寓言，是希腊寓言作家夫恶台内根据印度传说而写的。当初的主人公，也许是别一种虫。夫恶台内因为雅典没有这种虫，就用蝉来代替。结果使它平白地受了几千年的冤屈。

萤

一 异名

当残暑未消的夏夜,便有绿荧荧的火星,在河边池畔的草丛中,闪烁不停地,穿梭似地飞舞。这多么使人惊奇啊!所以这小小的动物,和人生没有多大关系的小虫,已早早惹起了先民的注意。希腊人便叫它拉恩批鲁,意思就是"拖着灯笼走的虫",我国不但把含有两个"火"的"螢"(古"萤"字)字作为它的名字,而且还用"炤"(古"照"字)、"挟火"、"耀夜"、"夜光"、"自照"、"丹鸟"等意义更明显的名称。

二 种类

昆虫学上所说的萤和普通所说的萤,意义多少有点差异。普通的说法,凡是夜里发光的鞘翅目昆虫都叫作萤,所以像美洲产的发光叩头虫也包括在内。昆虫学上所说的萤，不但以发光为标准，虽不发光而形态同的昆虫也包含在内。严密地说来，是有"萤科"这么独立的一科。属于萤科的昆虫，现在所知道的全世界有四千多种，可是发光的还不到两千种。

左，小萤；中，桦太萤；右，石山萤

石山萤（Luciola vitticollis Kiesewetter）是萤科里面最大的一种，所以还有大萤、牛萤、熊萤这些名字。雌雄都有前后两翅，前胸的背面，现暗黄或桃红色，这上面有黑褐色的十字纹。雄的小些，雌的里面有体长达到十七毫米左右的。雄的第六、第七两腹节，带淡黄色，这就是发光器。雌者只第六腹节是淡黄色，第七节是红色的。大概五月中旬到六月底，在池边河畔出现，一到七月便看不到了。

桦太萤（Lucidina biplagiata）分布在桦太岛、西伯利亚、欧洲，是北方种的代表。雌雄的形态各个不同，雄的前后两翅和复眼都很发达，体长十二毫米左右，前胸背部的前缘，有两个半透明的小白点。此外的边缘都是黄色，背部全是黑色，体的下面是暗褐色，但第六、第七两腹节现黄色，里面有发光器。雌的后翅全然没有，前翅也存一些痕迹，所以不会飞翔，外貌简直同幼虫一般。雌虫体长有二十毫米，发光器在第八腹节，能够放射比雄虫更强烈的光线。

此外还有窗萤，前胸背面的前缘有一对透明的椭圆形的天窗，就在头缩进去时，也可用复眼看到外面的动静。小萤（Luciola picticollis）是黑色的，体长九毫米，七月中旬到八月上旬常在山中出现。黄昏时不发光，要到半夜前后，方才赫然地放光。我国台湾地区所产的萤，种类很多，而且身躯又大。雄虫的光线，委实好看，它停着的树枝，宛同大商店的虹霓灯。据说当日本占据台湾时，有一次夜里看到萤群飞舞，认作是生蕃拿着火把来偷营，赶忙发炮轰击。

三 发生

古代的人们对于萤这种奇特的小虫，虽早已感到有趣，用诗来歌咏。可是，关于它的发生经过，没有作长期观察的闲暇，所以便有种种错误的臆说发生。在日本，说是从马粪和狐粪变化出来的；在朝鲜，说是从狗粪化出来的；我国《礼记月令》篇："季夏之月，腐草化为萤"；《格物总论》中更说得像煞有介事，它说：

"萤是腐草及烂竹根所化，初犹未如虫，腹下已有光，数日，便变而能飞。生阴地池泽，常在大暑前后飞出。是得大火之气而化，故如此明照也。"

总之，不论日本、朝鲜、我国，都把它归在"四生"中的化生里面了。到了现在，当然大家不会再相信这种化生说，不过能够知道萤的发生的真相的人，也不见得多吧！

萤是属于昆虫类中的鞘翅目（Coleoptera），依然要经过幼虫和蛹的时期，方才能变成虫。它的卵是淡黄色的小粒，产在水边草根，夜里不断地发青光。里面胚子一发育，就慢慢地黑起来了。普通产后一个月左右，便有淡灰色的幼虫孵化出来。幼虫的身躯，是长纺锤状，两端尖细，上下扁平，由许多环节组成。三对步脚很发达，尾端稍前的两侧，有发光器，到了夜里，便放射青光。它在水边生活捕食小动物——石山萤和小萤的幼虫，要吃螺蛳的肉。严寒的冬季一到，便躲向地下去。直到明年四月，再出地面，继续生活。到了五月里，又向泥中挖掘一个小小的洞，在里面蜕皮化蛹。蛹和成虫很相像，有短短的翅袋，全身呈淡黄色，夜里不绝地放射美丽的光辉。生发光器的地方，虽因种类而各不同，但这种美丽的光线，总能把淡色的身躯照成透明，这是萤一生中最漂亮的时刻。大约经过半月光景，体内的改造

萤的幼虫和
它所吃的螺蛳

工程完毕后，脱皮而爬到地面上来，我们就叫它"萤"。

四 奇妙的攻击法

萤虽是只吃雨露，怪可怜的小虫，但它的幼虫时代，却是颇凶恶的强盗。不论住在陆上的，住在水中的，大部分是吃蜗牛过活。它们吃蜗牛之前，先使它麻痹。它们用大颚注射一种麻醉性的毒汁。它们大颚的钩和蝮蛇的齿一样，是中央空的，恰恰像我们用的注射器。注射时的动作又十分轻柔，决不使蜗牛受惊而从草秆或墙上滚下来。这种毒汁使蜗牛立刻麻醉，毫没有遁逃的力量。这也和细腰蜂用毒针刺进毛虫的身中，使它们麻醉一般。蜗牛到了危机将临的时候，赶忙分泌多量的泡沫，想赶去敌人，但萤的幼虫，尾端长着排除这种泡沫的十二根肉状突起。蜗牛的泡沫，对萤的幼虫，并不能作防御武器用。

那么蜗牛麻醉后，它们是怎样吃的呢？难道真咀嚼吗？严格地说来，萤的幼虫是只喝不吃的。它们是和蛆虫一样，将食饵变成清汤而喝下去的。对付蜗牛时，总只是一只，不论蜗牛的身躯怎样大。过了一会，便有两只、三只、四只或更多的陪食者，走拢来了。对这位真正的所有者，并不发生什么争执，大家就一起开始吃了。经过两天光景，都吃得饱饱地走开，这个蜗牛壳依旧黏在当初受攻击的地方。你如果去拿来一看，里面只有些留在锅底的残羹剩汁。所以萤的幼虫的口，除注入麻痹性的毒汁外，还能够分泌一种能将筋肉化成汤汁的液体，那是无疑的。

五　萤火

　　萤如果只会残杀隐士式的可怜的蜗牛，没有旁的才能，也许不会被一般人知道。可是，它还会在尾端挂起一盏红灯。萤的发光器的构造，因种类和发育上的时期而各异，有蛹和幼虫相同的，也有蛹和成虫一样的。还有到了成虫时期，除本来应该有的之外，又有和幼虫相同的发光器。照一般说来，成虫的发光器，是由紧贴在透明的皮肤下面的发光层，和相对的反射层而成。我们试把萤的发光器削下一片来，放在显微镜下细看，那么便可看到表皮里面铺着一层淡黄色细粉。这就是发光层，由许多大细胞而成。你若再仔细耐心地看，便见四面布满了奇妙的管子。短而粗的干子，突然分成无数密生的细枝，有的在发光面上蔓延，有的钻进里面。这就是气管、支气管和呼吸器官相连，它的作用是在充分吸收和分配空气，使这层淡黄色的细粉起氧化作用。反射层是由含着许多蚁酸盐或尿酸盐的小结晶的细胞组成，是乳白色。它的作用是不让光射到内部器官中去。
　　现在剩下的一个问题是，这种淡黄色的细粉，究竟是什么性质的？学化学的人，起初认定是"磷"。竟有将萤活活地烧煅，取出元素来试验的人，可是，谁也不曾得到满足的解答。最近又说是脂肪体，也还不曾得到可以公认的结果。不过发光作用是由发光层的细胞活动，需要水和氧的酸化作用，这是确实可靠的。

萤火是只有色光线（可视线）而没有赤外线（热线）、紫外线（化学线）的辐射线，实在要比人们的灯经济得多。我们现在所用的煤气灯、电灯，都平白地产生了许多热。这不单是浪费，而且容易发生种种意外的危险。如果人们能够制造萤火一般的冷光，那么既不会失火，也不会烫伤，风也吹不熄，雨也淋不灭，多么有趣呢！许多人想发明这种冷光灯，不知费去了多少心血，到现在还是徒劳。

"萤光竟能随意处置这种光的放射吗？"对于这个问题，我倒能够回答得更清楚些，萤能够照着自己的意思做的，通过发光层的粗管，尽量吸入空气，光便增加；通气缓一些，或竟停止，那么光也弱了，消灭了。气管上面布有神经，萤可以照自己的意思收放。

萤火在萤自己究竟有些什么用处呢？为了生殖关系，雌雄互相引诱用的，这是已经由种种试验而明白了。那么和生殖毫无关系的幼虫卵子和蛹，为什么也发光呢？这大概是威吓要吃它的动物，同时表明自己的肉是苦的，不适食用，有一种警戒作用。幼虫也许在找寻蜗牛等，又作灯笼用。

六　求婚

雌萤的火，明明是在引诱爱人，要求交尾。可是，再仔细一看，雌萤不是肚子下面点着火，在照地面吗？那么雄萤在空中绕飞，有时一直飞到远方，怎么能看到呢？照理辉煌的诱惑物，不应该瞒过了关心者的眼，所以灯笼不应该装在腹部下面，最好装在背脊上。可是，你试把一只雌萤捉来，用铜丝罩罩住，周围放些花草，挂在高枝上，仔细地、耐心地看去，便可以证明上面的推想，完全不合。这时，它并不像在草根时那样宁静，而是剧烈地运动，扭着非常容易弯曲的尾尖，向各方面起劲活动，先扭向这方，回头又掉向那边。于是，不论地面，不论空中，在左右经过的那些在作恋爱探险者的雄萤们，对这辉耀的"招引之火"，总一定看到了。这也同转旋镜子捉云雀的方法一样，镜子静置时，云雀不会留意的，若骨碌骨碌不停地转旋，光芒很快地闪射，云雀便看得发呆了。浙江省绍兴一带，还有转旋雨伞捉鸱鸮（chī xiāo）的方法，道理是一样的。

雌萤有招引求婚者的技术，雄萤也有从老远便能看到"招引之光"的灵敏视觉。雄萤的胸部胀满得成盾形，同学生帽上的鸭舌遮阳一样，它的作用就在收小视界，集中视力到目标的发光点上。

交尾的刹那间，光十分淡弱，几乎消灭，只最后的环节上，有一点微火在活动。因为在举行婚礼的时候，若灯光辉煌，反而怪难为情的。这时，邻近的多数夜虫们，把自己的工作，暂抛一边，一齐低唱祝婚歌。

交尾之后，不久就产卵了。可是雌萤好像不会尽母亲的责任，它也不管泥地或新芽，乱撒一阵就算了。其实并不是产。

最奇妙的，萤卵还在母亲的肚子里时，就已经发光了。孕着成熟卵子的雌萤，你如果在无意中将它弄破，那么你的指头上便有发光的细长条子，这便是从卵巢中挤出来的卵块所发出的，而且产期将近，卵巢内的磷光便透过肚皮，放射出柔和的乳白色光。

七　轻罗小扇扑流萤

当繁星满天，皓月未升的夏夜，树荫草上，偶然随风飞来了几只萤，引得孩子们拿起芭蕉扇，嘴里唱着"萤火虫夜夜红"的歌曲，东追西逐地去拍，这是多么富有诗意的一回事。在这等情景之下，总不知不觉地要想到唐人"轻罗小扇扑流萤"的诗句。可是富贵人的思想，终究特别些，据《隋书》所载，隋炀帝大业十二年，行幸景华宫时，特地征集了几斛萤。夜里，在山上放它，碧光点点，布满岩谷，真是好看。但萤火并不是专供荒淫皇帝取乐用的,它还能照顾贫苦的学生和旅行者呢!

在黑暗的夜里,萤光的确可以看书,不过除狭窄的范围之外,什么也看不到。你若把许多萤聚在一块,它们虽各自发光,但已成了光的交响乐,在我们的眼里只见一团碧光。从前有一个贫而好学的车胤,就是用这种聚萤的方法,照着读书的。现在把《成应元事统》的记载,录在下面:

"车胤好学,常聚萤火读书。时值风雨,因无法捉萤,胤叹曰:'天不遣我成其志业耶?'言讫,有大萤傍书窗,比常萤大数倍,读书讫即去,其来如风雨至。"

中美、南美和印度的萤,比我国的大得多。它们在苍绿如滴的热带森林中,成群飞舞,真像大雨之后流星满天。这种特别的萤,不单可以装点自然界,又是热带森林旅行者必不可缺的东西。在南美森林中旅行的人,不用什么灯笼和电筒,只需捉一只萤,缚在皮鞋头上便行了。他们靠了这萤火,可以同白天一样地赶路。一到天亮,便把这盏活灯笼,挂在树枝上,送给这天夜里的旅行者。所以在南美地方,这种萤是很受土人们的爱护。

墨西哥海上,从前是海盗出没的处所。航海的人不敢点灯,竟用萤火代替。专重实用的英国人,总比别人会利用得多些,他们把萤装在玻璃瓶里,塞好口子,沉到水里,再用网去捉群集光边的鱼类。日本夜里钓鱼的人,常把萤火装在浮子上,这样便可知道有没有鱼来吃饵。西班牙的妇人喜欢把萤包以薄纱,插在头发上，和我们戴花一般，青年们更有把它装在衣服和马鞍上，作为一种饰物。这些都是连萤自己也想不到的利用法。

蚊

一 可怕的蚊

侵害人体的昆虫，种类原不少，但蚊的确要占相当高的地位。它除直接吸食血液之外，还要间接传播种种疾病，像疟疾、象皮病、黄热病、发疹热病等。它传播疾病的经过，下面再细讲，现在把它倾覆古代罗马的事实，来介绍一下。

古代罗马曾煊赫一时，大概谁都知道，无须多说。不过当它们东征西讨，远播威声之后不久，也就奄奄一息地衰落，灭亡了。原因虽颇复杂，但蚊的传播疟疾，的确是其中之一。当罗马为扩张国土而远征阿拉伯阿非利加洲的时候，曾俘虏了许多土人回来，不料无形中就播下衰亡的种子。这些土人中，有不少害着恶性疟疾，这病就由蚊传播到罗马民族间。于是刚健好武的罗马民族渐渐衰弱，而罗马国也同落日一般忽儿灭亡了。

法国人开掘巴拿马运河时，更受蚊的侵害，工人职员，害黄热病而死的很多，竟把这一带地方称为"白人之墓"，连工作都停止了。后来美国人继续开掘，就是先把蚊驱除，才能把运河开通。

二　常蚊和疟蚊

蚊是最普通的吸血性双翅类的昆虫。种类倒并不像想象中这样多，全世界的既知种，也不过一千种，同种异学名的不少，竟有一种而得了三四十个异名的。热带多些，寒冷地方较少，但也有分布全世界的种。

学术上所称的蚊科（Culicidae），是把吻长、翅和体表有鳞片的双翅类昆虫都包含在内，其中原有许多非吸血性的。为了区别起见，又把吸血性的蚊，归入蚊亚科（Culicinae）。我们普通所说的蚊，就是属于这亚科内的。

左，雄蚊；右，雌蚊

蚊亚科又可分为两类：一是疟蚊类（Anophelini）；一是常蚊类（Culicini），含着疟蚊以外的大部分。温带地方，疟蚊的种类极少，数目也少，几乎全是常蚊类。热带地方，疟蚊的种类虽不少，但和常蚊类的比较起来，却仍旧是少得多，而且数目方面也同样少。

疟蚊因为能传播疟疾，所以大家都颇注意，其实常蚊也不能忽视，像黄热病、发疹热等，都是由常蚊传播的。豹脚蚊传播的黄热病尤其算一种极凶险的传染病，幸而分布的地域不广，亚东方面简直可说毫无关系。

疟蚊类和常蚊类在习性和形态方面，有显著的差异，无论幼虫时代、成虫时代，都容易看出。现在简单地说明如下：

成虫的头部，吻在中央，两侧有触角和触须。触角上各节的毛，两类中都是雄的较长。触须却可以作为区别两类的特征，就是疟蚊类的雌蚊，触角差不多和吻同长。常蚊类的雌蚊，都比吻要短得多，雄的在疟蚊类中，也大略和吻同长，但末节膨大；常蚊类中，虽长的短的都有，但末节都不膨大。静止在直立面和平面时的姿势，两类也有显著的不同，常蚊类身子多和面成平行，疟蚊类多成四十五度相近的角度。

疟蚊类的卵，黑色成纺锤形，平铺地浮在水面。产时是一粒一粒地产下，但多数又集成稀疏的蔗叶形。常蚊类中也有产和疟蚊相似的卵，像草蚊类，但大多数成酒瓶状或棍棒状，粗粗的下端，有浮游具，使它直立在水面，颜色是黑褐。产时也不是一粒一粒地产，一次产下的卵全体附在侧壁，成纺锤形，两端微微向上翘和独木船相似，所以在西欧叫作"卵舟"（德语是Eierkahnchen，英语是rafts）。疟蚊类的卵，在自然界中，不容易看到，而常蚊类的卵舟，倒是常常有得遇着的。

蚊的幼虫的肚部是由九节组成。常蚊类在第八节有长管的呼吸器官，疟蚊类不是用这等特定的呼吸器官，由体表面直接呼吸。所以浮到水面来呼吸的时候，常蚊类用呼吸管将身体约成四十五度倾斜地悬挂着，疟蚊类是要使全部体表面接着水面。它为了达到这种目的，更在胸节和多数腹节上，长着左右成对的上浮装置。这叫作掌状毛（palmate hairs），形状和棕榈叶子相似。当幼虫静止在水面时，你若去仔细看，便能看到两行微小的点。这就是掌状毛上的斑点。整个身子的姿态，也有明显的差异，疟蚊类是特别肥胖，而且又黑得多，是不会看错的。

　　就是蛹吧，两类也有差别，不过不甚显著罢了。

三　种类

　　我国地处温带，常蚊类较多，现在把常见的几种，介绍在下面：

　　赤斑蚊（Culex pipiens pallens Coquillet）不但在我国各地常能遇到，简直布满了全世界。体长二毫米左右，黄褐色。翅透明，平均棍和口吻呈黄色，触角褐色，棱状部灰色，腹部黄色，而各节基部的侧方，有灰白斑，脚黄色。雌的夜间出来，螫害人畜，雄的吸食

赤斑蚊

花蜜过活。

白条斑蚊（Aedes albopictus skuse）体长
五毫米左右，现暗褐色，口吻雌雄一样。胸部
背面有一银白色的纵条，十分显明。后胸和胸
侧的几条纯白色，各腹节的两侧纹以及各节
基部银白色，腿节的基部灰白色。昼间也会
飞来螫人。

白条斑蚊

白眉斑蚊

白眉斑蚊（Aedes albolateralis Theobald）
体长五毫米左右。体黑褐色，有由银白色鳞片
组成的横带。胸部背面带金色，两肩有银白色
的纵条，所以得了这样一个名字。腹部黑褐
色，稍稍有蓝色光泽。腹面各节的前缘，生着
银白色的鳞。脚黑褐色。前脚、中脚的腿节下
面，除末端外，现黄白色，后脚腿部也同。

四条斑蚊（Aedes argenteus poiret）形
状大概和白条斑蚊相似，只胸背部前方，有
四条黄白色的纵纹。分布在广东福建沿海
一带，专门传播发疹热病。

疟蚊的种类，我国颇少。最普通的
一种，叫作中国疟蚊（Anopheles sinensis

四条斑蚊

wiedemanno，也有写作Anopheles hyrcxnus Pallas），体长和赤斑
蚊相似而略大，暗灰色，翅稍带暗色而透明，前缘有黑褐色或黄
白色的两条鳞毛纹。平均棍灰色，触角暗褐色，胸部背面有五条

褐色纵纹。雄的腹部背面现暗褐色，触角成拂帚状，雌的暗黄色，背部纵纹成黑褐色，脚带暗黄色。

中国疟蚊

四　生活史

蚊是从哪里来的？古代人确曾发生过这样的疑问。可是它因倏来倏去，无法查究，所以就产生了神话似的答案，有的说是从鸟的嘴巴里吐出来的。如《尔雅注》上说：

"鹲，蚊母鸟也，黄白杂文，鸣如鸽声。此鸟常吐蚊，因名。"

有的说是从草叶里化出来的，如《本草》上说：

"塞北有蚊母草，叶中有血，虫化为蚊。"

有的更推想得稀奇，竟说是从果实中飞出来的，如《岭南异物志》上说：

"岭有树如冬青,实生枝间,形如枇杷子,每熟即拆裂,蚊子群飞,唯皮壳而已;土人谓之蚊子树。(这也许是寄生在植物中的瘿蝇,从树瘿中飞出,古人观察不精,就认为蚊。详"蝇"章。)"

现在大家都知道是经过完全变态,方才成蚊,所以我们只打算把它的生活史来略说一说。

蚊停在水面漂浮的东西上,产卵水中。常蚊的卵集成一块浮在水面。每粒约长一毫米,每块约有一百五十粒卵。经过两天左右,就孵化而成幼虫。这就叫孑孓(jié jué),英语叫作wrigglers,都是从它特别的运动姿态而来的。

蚊的生活史:

1-4.常蚊;5-8.疟蚊

孑孓头胸部都大,腹部细,由九环节组成。身上生着许多毛,头部的毛尤其长。它常舞动这毛,聚集水中的有机物,作为食饵。腹部第八节有呼吸管,常常伸出水面,呼吸空气,这时身子倒悬着,所以又有"倒矗虫"这样一个俗名。蚊蜕了三回皮,就变成蛹。这期间大约是五六日。

蚊类的蛹和一般昆虫不同,是不停地运动着,英语叫

tumblers，我国叫作鬼子孑，或大头孑孑。体带黑色，头部很大，腹部细小，弯屈着真像驼背。胸部有两根喇叭形的呼吸管，常常伸出水面。浮沉水中，恰像装着特别弹簧似地运动着。经过两天左右，就变成虫而飞起了。

从产卵到成虫，大约要费八九天。成虫的寿命，由环境如何而定，大概在正常的夏季，雌的可以在空中飞翔三十多天，雄的寿命，只不过几天罢了。受胎的雌蚊，在暖和而安静的地方，固定着越冬，到来年产卵。但热带地方和暖地，成虫终年飞翔，以幼虫越冬的。

五　哼哼调

"一个蚊子哼哼哼"，这是《红楼梦》里呆霸王薛蟠的名句。蚊子的确喜欢唱哼哼调。当你正待朦胧入梦的时候，它偏要到耳边来哼个不停。所以有人说笑话，蚊子倒有孝心呢！它见人卧着，以为死去，便集在头边，哀哀啼哭。

闲文少表，我们要推究的，就是小小的蚊子，怎么也能发出这样大的鸣声，它的发声器究竟在哪里？要解答这个问题，我们需先把它的呼吸器官来察看一下：

一般昆虫的呼吸器官，是由胸腹部两侧的十对气门和连接着的气管组成。气门板在体表直接和空气相接，为了防止尘埃侵入,更有特殊的装置,像刚毛、毛以及结缔质的活瓣。蚊的呼吸器官,也是同样构造。我们试拿一只蚊子来看,便见胸部有比腹部大很多的气门,气门口上更有结缔质的活瓣随着呼吸不停地一进一出。当蚊子拍翅飞翔时,胸部就跟着翅膀的振动,激烈地胀缩,作急促的呼吸。而气门口的活瓣,也迅速地出入,发生振动,于是,哼哼调就起来了。所以当蚊子静止的时候,从来不会啼唱。

一般昆虫,气门口的活瓣基部,还有特别筋肉,可以自由开闭。蚊类中却没有这样的装置,所以一飞就鸣,丝毫不能作主。

蚊有这样特别的发声器,所以声音也比较大。每当傍晚时节,群蚊乱飞,鸣声更响,简直同远方殷殷作雷一般。这就是《左传》上说的"聚蟁(蟁即蚊也)成雷"了。

六　口器

蚊是最普通的昆虫,谁都见到过,所以形态方面,似乎可以不必细讲。万一不明白的话,到教科书上去一查,自然会告诉你,蚊是两翅六脚咧,两翅退化变为平均棍咧,具有吸收式口器咧等。现在我想先把汉朝滑稽大家东方朔描写蚊的一段文章,介绍一下。他用滑稽的词句,将蚊的形态习性,活活地表现出来。就抄在下面吧!

郭舍人曰："客从东方，歌谣且行。不从门入，逾我墙垣。游戏中庭，上我殿堂。击之桓桓，死者攘攘，格斗而死，主人被创。是何物也？"朔曰："长喙细身，昼亡夜存，嗜肉恶烟，为掌指所扪。臣朔愚戆，名之曰蚊。"舍人辞穷，常复脱裈。——《东方朔传》

还打算把蚊体上构造最复杂的口器来说明几句，因为借此就说明了昆虫类中一般的吸收口器的构造。

蚊的口器是一根特别延长的吻，那是不必再说。做这吻的外鞘的，是一对第二小腮，中央愈合而成，称为下唇。它的形状，恰像竹筒。竹筒的外面，满生鳞片，尖端生着一对圆锥形的感觉叶。竹筒的上面开着一条狭窄的沟，内部是比较宽广的腔。

这腔里藏六根针状片，互相倚合而成吸收管。这六根中，幅阔而尖端骤然尖削的一根是舌。幅狭而尖端有锯齿的两根，呈第一小腮，比它更狭而尖端成剑状的，是大腮、上唇和上咽头，幅阔而尖端成剑状的一根，叫作上咽头唇。上咽头唇虽也被竹筒包住，但从里面看来恰像竹

蚊的口器

1.下唇；2.小腮须；

3.上唇；4.小腮；

5.大腮；6.舌

筒的盖子。

吻的外面，是附属于第一小腮的小腮须，又称触须。普通是雌的触须短，雄的比吻更长，但又依种类而不同，有几种雄蚊也短，也有雌雄都和吻同长。

蚊吸血时，先用吻端的感觉叶，在皮肤上这里那里乱碰，探求适于刺的地方。后来寻到了，便将吻内藏着的吸收管（即由六根针状片倚合而成的）用尽全力地从两片感觉叶中间送出，在皮肤上钻孔。这些针状片的尖端，都是些剑咧、锥咧、锯咧，所以穿孔毫不困难。

穿孔后，立刻将吸收管向内部推进，深深进去，直到碰到毛细管。于是破坏了毛细管壁，而浸入血液。这时，若运气不好，碰不到毛细管，它就把千辛万苦插入的吸收管拉出，重新再刺过，这又是谁都经历过的吧！

当吸血的时候，下唇并不插入皮肤内，向下方弓似的弯曲着，尖端的感觉叶将吸收管（即针状片束）紧紧束住。

如果提出血液，怎样吸收到蚊的消化管中？这个问题，可用下面三点来说明，第一是血液本身的血压，使它上升；第二是状片间，要起毛细管现象；第三是口腔的深处有咽头，上面有筋附着，这些筋一收缩，咽头就膨大而生阴压。

雌蚊吸血，雄蚊不吸血，上面已经讲过了。我们试再把雄蚊的口器来观察一下，作外鞘的下唇，毫无差别，但内部的针状片和雌的大不相同。长的针状片，只舌和上咽头唇两片。一对小腮形状很小，只及下唇的五分之一，大腮全然缺如。所以雄蚊不吸血,"非不为也,是不能也"。

七　疟蚊和疟疾

由蚊类传播的疾病,有疟疾、发疹热、血吸虫病、黄热病等。发疹热(Dengue fever)虽在我国南部沿海一带,常有发生,但是良性,不会有性命之忧。线虫病是由一种住血丝状虫(Filaria boncrofti Cobbold)寄生在淋巴管系统中而起。仔虫在末梢血管,又由赤斑蚊等传播给别人。但这种虫只产在日本的几处地方。黄热病(Yellow fever Gelbfieber)原是一种凶猛的传染病,在十八世纪中期,美国有过三十五回可怕的大流行。可是分布区域只限于中央亚美利加、南亚美利加以及阿非利加洲的西海岸,和我国又没有什么重大关系。所以现在把以上三种病和常蚊的关系,搁过一边,且将疟虫传播疟疾的径路,来说个明白。

疟疾可分作三种,热带热(即是每日热、恶性三日热等)、四日热及三日热等,这三种疟疾,各有各的病原体,分为plasmodium vivax Grassi et Feletti, malariae Laveran, falciparum Welch。其中热带热最恶性,死亡率最高,治疗困难。三日热和四日热,虽比较好些,但四日热也是纠缠不清,难以治愈的病症。分布最广的是良性的三日热,我国几乎全国都有它的足迹。其余两种,只限于热带地域。

疟虫的生活史

1.种虫侵入血球；2-3.种虫发育为疟虫；

4.疟虫破坏血球散出虐胞子；5.疟胞子侵入别个血球；

6.长形胞子；7-8.长形胞子进入蚊体内结合成结合体；

9-10.接合体进入胃壁内逐渐发育产生种虫；

11.种虫进入唾液腺里，待机进入人体。

最初发现蚊和疟疾有关系的是英国军医罗斯（Ronald Ross）。他受前辈玛梭（Patrick Manson）的通知，知道蚊是传播疟疾的，就着手研究鸟类疟疾和Culex quinquefasciatus蚊的关系。于是就明白，这种鸟类疟疾病原虫，由吸血而入蚊的胃中时，就在那边生出球状的雌性配偶子和细长的雄性配偶子，不久又合并而成纺锤形的接合体，贯穿胃襞，集在外部，成一个大的囊状体。此后，囊状体的内容物分裂成许多胞子前体，胞子前体更分裂，便成细长形的胞子虫（即种虫），种虫穿破被囊，入蚊的体腔，再前进而达到唾液腺，等待蚊的再去吸血。1898年他才将观察的结果发表。此后玛梭再继续研究，1900年将在意大利吸了疟疾病人的血的蚊，带到伦敦医学校来，使它刺自己的儿子P. Thurburn Manson和George Warren，果然他们害疟疾病了。两年后，1902年意大利人苦拉希（Grassi）发表关于人体疟疾病原虫，在欧罗巴疟蚊（Anopheles maculipennis）体内的发育变态的精细研究，认定人体疟疾的病原虫，只能在疟蚊类中Anopheles蚊的体内发育和变态。

疟疾病原虫在疟蚊体内的发育和变态状况，上面已经说过了，那么在人体内呢？在疟蚊唾液腺中等待着的病原虫的种虫，因蚊的吸血，而进入人的血液中时，便钻入赤血球，经过一天半而长成，分裂为许多小胞子，这叫增员生殖。当分裂时，赤血球也同被破坏，胞子四散，和毒素一同混入血液中。病人更因这种毒素，而起身热、头痛、脾脏肿大等现象。

破坏赤血球而四散的小胞子，却负着两种任务。一部分侵入赤血球，再同上面所说这样，营增员生殖；一部分在赤血球中，发育而成两种配偶体（大型的雌性配偶体和小型的雄性生殖体）都在血液浮沉，机会一到，便入疟蚊的消化管内。雄性生殖体，活泼地运动，和雌性生殖体相连接，造成接合子。再经过上记的变化而成许多种虫，集在蚊的唾液中等待了。这叫作传播生殖。

经过多年的研究知道, 疟蚊类中一共有一百五十种, 其中二十五种, 是会传播疟疾的。

蝇

一 吸血蝇

蝇类和人类生活有关系的方面很多，大致可分作下面四种，就是：要吸食人类和家畜的血，并且传播寄生血液中的病原虫的；要产卵在动物体中，使孵化出来的幼虫，吸食它的血液，或侵入内脏；寄生在植物体中，使植物受到大损害的；要侵入家中，传播疾病的。本书说明方面，想偏重第四种，所以先把前三种来简略地说一说。

吸血蝇中分布最普遍的，要算螫蝇（Stomoxys calcitrans Linnaeus）。我们常能在原野、路上或畜舍中看到。体长八毫米左右，身现灰色，头部黄金色，头顶还有马蹄状的黑纹。胸部背面，有四条黑色纵纹。翅透明，翅脉褐色。肚部成卵形，

螫 蝇

有许多粗大的黑斑。脚黑色。它不但刺咬人畜，增添苦恼，而且还要传播寄生血液中的病原虫。阿非利加洲的赤道地方，有一

种螫蝇瓣罗西那（Glossina），土名叫作唧唧蝇（Tsetse fly）。它传播睡眠病原虫（Trypanosoma Gambiense）给人、马、牛、鼠等，使它们发热、贫血、衰弱，当病原虫侵入到脑脊髓管时，寄主便昏昏睡去，不再醒来，所以叫作睡眠病。家畜又另外有一个病名，是那格那（Nagana）病。

睡眠病的病原虫（上）和唧唧蝇（下）

二　马蝇生活史

马蝇（Gastrophilus equi Fabricius）是马牧场上常能看到的一种蝇。体长十四毫米左右，体黄褐色，头、触角、脚及腹部是黄色。翅半透明，稍带灰黄色，中央及翅端有暗褐斑。雄蝇腹部的末节

马蝇

向腹面曲折，雌蝇是最后二节屈成膝状。它的生活史，颇复杂而有趣，现在说明如下。

它把卵子产在马毛上，但并不是不论哪处的毛都行，一定要拣马舌能够舐达的地方。因为它的孩子，如果不被马咽入胃

内，除等死外，是毫无办法的。卵子如果坚牢地附着在马毛上，是不会由马舌带进口里而到胃里去的。这些从卵孵化的幼虫，趁着毛而到皮肤，刺螫这部分。马感到了痒，必然要来舐这部分，于是，这蛆便附着马舌上，接着入胃，用它的口钩，挂在胃襞上，吸收胃液。当解剖马的尸体时，我们常能见到它胃里藏着几十条或几百条蛆。胃襞一被这蛆附着，便成凹陷，分泌脓汁。这脓汁是蛆的重要的营养料。当蛆从肛门出来后，凹陷也不久硬化。

平均经过十个月左右，到了第二年的五六月里，这蛆已充分长成，辞了它寄生的胃，跟了排泄物，一同下肠而去。它若只靠排泄物带着，那么经历长长的大小两肠，要费颇久的时间。所以蛆自身也起一种波状运动，可在比较短促的时间内，达到肛门，但也有中途化蛹的。

蛆和马粪一同落到地面，立刻掘垂直的孔。孔并不大，恰恰能遮住它自身。孔掘成后，把自己的身体掉头，头向上方，蛰居在里面，皮肤不久硬化，变成围蛹。过了一段时间，头上有两个角状突起生长出来。它就用这两个突起呼吸。虽因当年气候寒暖而略有迟早，大概经过六星期左右，这马蝇便在空气中飞舞了。

马蝇粗粗一看，和虻很相像，但它半透明的翅上，有暗色的斑纹，中央竟连成带状，普通的虻，虽也是透明，却没有这种斑纹。

马蝇由蛹羽化，总在天气晴朗的早晨。它只破蛹的前端的盖，开穿一个圆形的洞，而飞向空中。可是事实上，并没有同说话这样简单。这时，先起一个大气泡，因身子的扭动，不断地上上下下。这样的气泡，凡是寄生在毛虫和青虫身上的针蝇和别种蝇羽化时也有看到。这气泡一直升到前头和颈处，帮助它抵破蛹盖。

羽化而出的马蝇身子干燥后，这气泡立刻消失。它就嗡嗡发声，而飞向空中，追逐爱人了。这种蝇有在附近的高山顶上集合的习性。那里很寒冷，而且马也绝不会来。但真奇怪，它们的集会所，它们的舞蹈场，全在那里。

完成了性交的雌蝇，便从山顶飞来，拣了晴朗天气，在马的周围飞绕。它们很胆怯，但细心地找寻在牧场中、农场上或是道路旁吃草的马，静止在马身上，产一颗或几颗的卵。一次飞去，又复回来，在天气或时间许可的范围内，趁马、驴、骡等吃草的时候，热心地产卵。可是，从来没跟了马到厕中去的。

一只雌蝇，约藏着七百粒卵子。卵子长两毫米左右，上端成斜的截断状，起初是白色，后来渐渐带黄色。这卵子受到太阳热和马的体温而孵化。幼虫破卵壳而出，被马舌带到口部，再入胃腑，挂上胃襞，但并不是全部都能被马咽入胃脏的，那些不能达到胃脏的蛆，仍难免一死。所以，造化主特意使它产下许多卵子，即使大部分死亡也不妨。

三 牛蝇和蚕蛆蝇

牛蝇

牛蝇（Hypoderma bovis De Geer）体长十三毫米左右。体现黑色，上面密密地生着许多软毛，黄灰色。胸部背面，有四条黑色纵纹，装着黄绿色或白色的长毛。腹部基部的两侧，是白色或黄色，尾端现赤褐色，翅带灰色，而且格外大些。雌蝇每当初夏常在牛舍附近飞翔，产卵在牛的肩、颈等处的毛上。从卵孵化的幼虫，就经牛口而到食道，再咬穿食道，通过食道附近的筋肉，直到皮下。所以一二月后，牛背上就有许多因这种幼虫而起的肿块。幼虫渐渐生长，五月里达到成熟，咬破肿块，走出体外，入地中化蛹。

蝇类里面，还有幼虫时期寄生在蝶、蛾、蜂类的幼虫身上，直到充分长成，才辞去寄主而蛹化的，这是蚕蛆蝇，和我们最有经济关系。现在就把它的形态和生活讲一讲。

蚕蛆蝇

蚕蛆蝇（Grossocoomia sericariae Rondoni）体长十二毫米左右，体现灰黑色，脸是银白色，但额上有一条黑色的纵纹。触角黑褐色，胸部背面有不大分明的五条黑纹。腹部两侧的大斑纹，是暗黄色，尾端密生刚毛。这种蝇，若幼虫寄生于蝶、蛾的幼虫——毛虫、青虫，对人类便有益，若寄生在蚕体，便有大害。

这蝇在五月中旬到下旬，产卵在桑叶上。这桑叶若为三四龄的蚕儿所吃，卵就到了消化器，一二龄的蚕儿口小，恰恰将卵咬破。幼虫从卵孵化时，便从消化器走出而入神经球。在那边住了一回，又迁到气门部，将蚕的体液作为营养物而逐渐长成。寄生的幼虫若多，蚕儿要衰弱而死。若一两只是没有什么大关系，依旧吐丝、作茧、化蛹。幼虫在蛹的体内，完全长足，就咬破蛹身，再咬穿茧而逃出来，爬到地面，钻进泥里化蛹。到来年春天，再羽化而出。蚕蛹既被幼虫咬死，不能化蛾，故不能得蚕种，而且茧也被它咬破，纤维断了，不能制丝。蚕业上因这种蝇而受到的损失，在日本每年有百五十万元。

四　寄生植物的蝇类

菊、胡枝子、蓬等草木的叶子上，常常点点斑斑，生着宝珠状、豆状或是芝蔗糖状的瘤。葡萄的果实、柳树的芽有时成特别的状态。芒的茎有时一部分特别膨大，而生一个瘿，这些就是因一种微小的瘿蝇的幼虫寄生，受一种刺激而生成的。在内部的蛆，是微微地不绝蠢动的。

这等瘿蝇，产在上述种种部分、茎枝及伤痕、裂隙等处的卵，孵化而成幼虫，侵入寄主体内，吸收营养、化蛹（有几种是潜入土中化蛹的）变成微小的幼虫，向外界飞出。

我们常常在豌豆和油菜等的叶上，看到白色的曲线，这也是一种寄生蝇的幼虫所造成的。这种幼虫，一面吃叶绿层，一面在薄薄的叶子里开辟隧道，开拓自己的进路，结果，就造成了上面所说的白色曲线。它成长后，就在隧道的末梢化蛹，接着变为成虫。

此外还有果蝇，专食害田野中未成熟的果实，多数产在热带和亚热带，但温带也有不少。像瓜蝇（Chaetodacsu cucurbitae Coquillett）是印度原产，但南洋方面也很多，橘蝇（Chaetodacus dorsalis Hendel），也是分布在南洋一带，但广东、福建方面也有。被这些蛆虫吃过的果实，内部腐败，散发恶臭。

大小各种各样的蝇，飞集在从树干中渗出来的树液上，一面喧闹，一面饱吃生命之粮，这更是谁都在散步林畔时看到过的。

五 秽物蝇的种类

凡是喜欢群集在垃圾、秽物、粪便等上面，而且在这些里面发育,常常到家里来飞翔的,统统称为秽物蝇(Filth flies)。现在且把其中主要的几种,形态和生活上的特点,大略说明一下。

家蝇(Musca domestica Lnnaeus)体长八毫米左右,体黑褐色,脸是黄白色,触角又是黑色。胸部的背面灰黑色,而且有黑色的四纵条,翅透明,稍带暗色,腹部暗色,但雌的更有赤褐色的侧纹,是夏天最多看到的种类,而且遍布全世界。关于它们的生活史,在下节再细讲。

麻蝇(Sarcophaga carinaria Ronbom)又叫毛苍蝇,体长十五毫米左右,体是灰色,但脸面有发金光的灰黄色,触角、头顶的纵条是黑褐色。胸部、背部的三条纵纹非常显明,腹部有黑色的网状纹,尾节和脚黑色发光。它们常

麻 蝇

居户外,群集在人粪和秽物上,到家里来,或是集在鱼肉、兽肉上,那是特殊现象。它们还有一特点,幼儿在母亲体内孵化后,方才产出来,就是同我们人类一样地胎生的。

金 蝇

金蝇(Lucili caecar Linnaeus)又叫青蝇,体长九毫米左右,体现金绿色,脸是黑色,而有银白色的光辉,翅透明,翅脉淡黄色,前缘带黑褐色,脚黑色,但带着比身子更鲜明的金光。它们常在野外,少进屋内,虽然有时也光临厕所,但不是从厕所中发育的。

黑蝇（Calliphora lata Coquillet）体长九毫米左右，体是黑色，脸是银白色，触角黑色，上面密生黑毛。胸部背面，有带灰白粉的四条黑纹，每条黑纹的两侧，都有黑色的长毛或短毛生着。翅透明。第一腹节的基部、背线以及尾端是黑色，第

黑 蝇

二三节，各有几点丝光斑，因光线而变换形状。腹部暗青色，好像着水似的。它们有户外性，但也常进屋内。天气寒冷时，生育还不中止，冬季和初春，还在阳光照耀的地方飞翔。

此外像小家蝇、大家蝇等，形态习性和家蝇差不多，不过大小不同罢了，所以也就从略。

这许多种的秽物蝇内，最常到我们屋内来的，自然是家蝇。我们如果在屋内捕捉，它们总占九成左右。现在把美国哈华特（Howard）氏在厨房里所采集的成绩，和日本小林晴治郎在家内以及传染病研究所内所采集的成绩列表如下：

	哈华特氏	小林氏（家内）	小林氏（研究所内）
家蝇	22, 808	24, 042	55, 876
小家蝇	81	206	2, 533
大家蝇	31	163	561
麻蝇	—	161	465
金蝇	18	38	200
黑蝇	7	15	41
其他	58	94	12

六　家蝇生活史

　　家蝇是家内最容易看到的蝇。每年到了五月里,便有几只出现,一到六月骤然增多,七月、八月最多,到九月底就减少,十一月底便停止产卵。

　　卵白色细长,后端略粗。背部有两条隆起。雌蝇每回产卵七十五粒到一百五十粒。平均是一百二十粒。大概每隔三四天产卵一回,一共四回。如果环境好一点的话,产卵的回数更多,卵的孵化时间很短促,普通十二小时至二十四小时,但又受温度的支配。例如,气温在摄氏寒暑表十度时,要经两三天,十五度至二十度时为二十四小时,二十五度至三十五度时,是经八小时至十二小时而孵化。

　　幼虫是白色,体表滑泽,头细尾粗的蛆。它们对植物质比动物质更喜欢,尤其是近乎干燥的。不洁的畜舍和垃圾堆,是它们主要的发育地。据美国某学者说:"马粪堆,在四天内,任家蝇飞集,结果,平均每磅马粪中,有六百八十五条蛆。"充分长成的蛆,钻进软软的

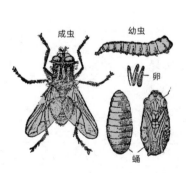

家蝇的生活史

泥里，或钻入木头、石块的下面，求得略干燥的地方，在那边化蛹。这时，皮收缩而成坚硬的、红褐色的套。幼虫的时期，大概是四天到六天。

蛹体长只幼虫的一半，但比它们更粗，抵抗力很强，能够越冬。经过三天到十天，便羽化而成蝇。

由蛹羽化而出的家蝇，快的第二天就交尾，第三天就产卵，但也要受温度和湿度的影响。普通生殖器的成熟，在第二天至第四天，开始产卵在第三天至第九天。

从产下的卵，到成羽化而出的蝇，经过的时间很短。据美国学者们的报告，最短是九天半，稍长是十天至十四天或十五天至十八天，偶然也有到二十一天的。关于家蝇的寿命，许多研究者有各种记录，在自然界中的寿命也略有长短，大概三十日左右，最长命竟有到六十天的。一年中可传六七代，若环境好一点，也有传到十代以上的。所以，家蝇繁殖的盛况，真是了不得。假定有一对家蝇，在四月里开始产卵，每回产卵一百二十粒至一百五十粒，就少些算它四回，而这些子子孙孙，直到八月底都还生存着，那么已有191,010,000,000,000,000,000只了。又假定一只家蝇是有一立方寸大，那么它们不但可以铺满地球全表面，而且有四十七尺厚。

七 舞蝇的结婚

当暮春时节，偶立河边池畔，常见有无数小蝇贴水低飞，这就叫舞蝇，是水上有名的舞手。它们有一种奇异的结婚习惯，就在这里介绍一下。

希拉拉是一种小型的舞蝇。雄的一到要结婚时，常捉了小昆虫放在绢袋里，带去，作引诱雌蝇之用。可是，真有趣，有时竟把一片花瓣，或一粒种子，错认作小昆虫而带走。原来的目的，像是呈献某种食物给雌蝇，来表示雄蝇的赤诚，现在已变为一种仪式，自然难怪雄的要把花瓣、种子等，误认作昆虫了。

我们如果把植物性的小片和动物性的什么，向贴水乱舞的它们抛去，不管是什么，它们必定追去捉住，把它用绢丝三重四重地缠绕，郑重地带走。

这种贴水低飞，实在是一种恋爱跳舞，由几千只排成一个大圆阵而款款飞舞。舞时常常分作上下两层，这些童贞的雄蝇，近着水面飞，若有什么落向水面来，便赶忙去捉。有时分量太重竟着水了，雄蝇自己不着水面，但总跟着这东西打旋，用种种方法，终究将它拿到水上而带走。总之，雄的如得到了某种合意的获物，便离开水面的同伴，而加入上层的舞群。它在那边一面飞舞，一面等待雌蝇的飞来。它们所捕获的，不论纸片、垃圾，什么都好。恰和袋蜘蛛把纸片当作自己的卵囊，郑重地抱着一样。

这绢丝究竟是从哪里出来呢，以前一直不明白，有的以为同蚕吐丝一样，是从蝇的口部分泌的，有的以为是从腹部的某处分泌的。可是这些推想都错误了。最近日本松村松年氏，检查舞蝇的前肢，见胫节的末端特别膨大，才知道这膨大部分就是分泌绢丝处。当它们捉到某种获物时，便从前胫节吐出这种液状的绢丝，把它缠绕，一碰到空气，立刻硬化，变成强韧的绢袋了。

北美洲有一种舞蝇，名叫爱比斯霍利台。雄蝇在空中跳舞时，普通总抱着一个比自身大一倍的气球。这也和上面所讲这种舞蝇一样，是雄蝇分泌物所成的气袋，里面总藏着一只小虫。这也是给雌蝇交尾后吃的礼物。某种舞蝇的绢袋，和彗星相像，有一个长长的尾巴。

八 琐谈两则

蝇的脚上并没有什么吸盘，但它们却能在天花板上走，有的还要用两只前肢互相搓搓，或用后肢拂拂翅上的灰尘，表示它们虽颠倒着身躯，也满不在乎。

现在要研究的，就是蝇在飞的时候，不是背向天花板吗？那么它们要静止到天花板上去，必须翻一个身，这时的动作是怎样的呢？是一个倒翻斛斗上去呢？还是侧身一滚呢？最近（1934年）英国某学者，发表他研究的结果。说是蝇当要停到天花板上去时，先侧着身子横飞。用一侧的三脚先搭上去，接着那侧的脚也跟着上去。不过这时的动作，非常迅速，不十二分留意是看不清楚的。

蝇是谁见了都要讨厌的东西，但我国古代竟有画蝇的画家。据说三国时候，有一个名画家曹不兴。有一天，他替吴国皇帝孙权书屏风。谁知正当他一心一意，渲染勾勒的时候，无意中滴了一点墨渍。这倒使他为难了，若重画一张，恐怕未必能画得这么好，若把滴了墨渍的进呈，又是大不敬。最后他想出了一个好方法，就将这墨渍，加上了两翅六脚，画成一只苍蝇，就这样献上去。

后来孙权看到这扇屏风时，竟误认作真有一只蝇停在那里，用手一回两回地去赶。

蜻蛉

一 种类

蜻蛉[1]没有蛱蝶般美丽的翅,又不会像萤那样带着灯笼飞,在黑夜中来眩耀人的眼目,更不会效仿蟋蟀和蝉,作低吟高唱,只凭着敏活轻快的飞行姿态,引起人们的注意。你看当它贴水低飞时,真像掠水的春燕;平张两翅,在空中滑走时,更像打旋的鹰隼。它飞行的速度是一小时一百里至一百五十里,和我们的火车差不多。有时好像它也要夸耀自己的速度似的,特地来和火车比赛一下。人们的双翼飞机,原有许多地方是模仿它造的,所以像掠空追敌和连翻几个斛斗时的姿态,正和蜻蛉追逐蚊虻时一般。

说到蜻蛉的种类,据外国学者统计,全世界大约有两千六百种。其中马来半岛约六百种,南美约七百五十种,阿非利加四百种,越是热的地方,种类越多。

蜻蛉虽有这么多的种类,大致可以清楚地分作不均翅类、

1.蜻蛉:即蜻蜓。(编者注)

均翅类和古蜻蛉类三群。古蜻蛉类全世界只有两种，其余都可分别归入上面的两群。

现在先把不均翅类明显的特征来说一说：

不均翅类是男性化的种类，体粗而刚健，左右一对大眼，在头上排得十分密贴。后翅的基部，比前翅要阔些，所以叫作不均翅类。当静止的时候，将两翅向体的两侧平张。着幼虫水趸也全身坚固而胖，或阔而偏平。通常较大的一类叫作蜻蜓。较小的一类叫作蜻蛉。

蜻　蜓

白尾蜻蛉（Orthetrum albystylum speciosum Uhler）在九月左右出现，尾部的附属物是白色的，翅尖稍稍带点褐色。蜻蜓（Anotogaster sieboldii Selys）在八月里出现，身带青色，是我国大型的种类。

女螌（Nannophya pygmaea Rambar）身躯细小，体色美丽，雄的红色，雌的黄色。在我国古书上，红而小的叫赤卒，黄而小的叫黄离，大概就是这种了。雄的体长大约十七毫米左右，雌的更小，只十五毫米内外。六月里在池畔沼边，常常有得看到。黄蜻蛉（Libellula maculata）体褐色，密生黄毛，腹部第一节是黑色的，第四节以下有黑色的条纹。翅也略带黄色，各翅的前缘中央，有黑褐色斑点，

女　螌

而且后翅的基部，也有同色的斑纹。这般美丽的蜻蛉，在初春就出来了。比它更华美的红蜻蛉（Crocothmis servilia Drury），在盛夏才出现，所以表现着灼热的颜色。雄的身体，尤其红得鲜艳。各翅的根部现玳瑁色，身长约四十毫米。常在池畔沼边飞翔，往往停住水边的草上。蓝蜻蛉（Rhyothemis fuliginosa Selys）的翅色，更长得特别。前后四翅，除尖端外，全是有光泽的黑蓝色，而且因光线作用，更显露各种千变万化的色彩。头也是黑蓝色的。身子是黑色。当它在高空或树梢翩跹飞舞，或张了翅膀在空中浮着时，完全像蛱蝶一般。

均翅类都非常柔和，楚楚可怜，翅多有艳丽的色彩，身子孱弱而细长，眼生于头的两侧，离得颇远。翅前后两对，都同形同大，基部尖细，静止时，把两翅垂直地竖在背上，翅面相合。幼虫（即水虿）也颇细，尾端有三片翼似的尾鳃。最普通的种类，是水路蛉和豆娘。

水蜻蛉

水蜻蛉（Mnais costalis）身体和翅都十分细弱，动作又颇柔和，是女性化的蜻蛉。它们常常在池边河畔的树丛中栖息。它们不能像蜻蛉那样，凌空高飞，在河面池上飞时，也多贴水低翔。体虽放金光，但色彩少变化，可是翅色倒艳丽得多。产卵时或是雌的单独，或和雄的一起，趁着水草的叶后退，身子没入水中，将卵产进水草的茎叶里。

水蜻蛉的身子，长约六十毫米。雄者的翅，除基部外，全现赤橙色，体上更有一层淡青色的粉附着，可是雌者的翅，只稍稍带一些赤黄的色调。这种蜻蛉，常在河上飞翔。热带地方产的，种类更多，翅透明，或淡黄色，或再加上青蓝色、琉璃色等有光辉的斑点，鲜艳绝伦。

黄豆娘

豆娘比水蜻蛉更小，是蜻蛉界最小的种类。翅色并不美丽，体色若仔细去看，便能看出有很复杂的图案。草原水边，常出现它们瘦怯可怜的身躯，有时竟因迷途而撞到我们的天井里来。产卵的方法，和水蜻蛉一般无二。

黄豆娘（Ceragrion melanurum）全身黄色，只腹端几节是黑色的，长约三十五毫米，是一种美丽的蜻蜓。还有一种竹竿豆娘（Copera annulata），长约四十毫米。雄的青白色，雌的淡褐色，

竹竿豆娘

黑色的腹部，间以青白的横条。节节分明，与竹竿相似。豆娘中最大的，是青豆娘（Lestes temporalis），长约五十毫米，体现绿色，翅透明，常在水边树林间飞翔。它们产卵时，在树枝上开一个小孔，将卵塞进树皮的下面。树受伤的部分，后来膨胀成瘤。河边的桑树、果

青豆娘

古蜻蜓

树，遇到这种意外的"敌人"，常常受很大的损害。

剩在最后的古蜻蛉类，是兼有以前两类形质的中间型的蜻蛉，身子粗，有大而左右接近的眼睛，完全和不均翅类一般，但两对翅同形同大，基部较细，静止的时候，将翅竖起，在背上合着。这等形质更和均翅类无异。

这样有趣的蜻蛉，是化石时代的遗物，那时曾兴旺地繁殖过的，因为已从世界各地，掘出许多化石。可是现在它们已衰减，只有两种生存着。

一种产在印度的喜马拉雅山，它的幼虫直到现在只获得一只，而且尚未能断定究竟是否确系属于这一种蜻蛉的；一种产在日本各地溪间，幼虫也是最近方才发现的。

二 适于飞翔的构造

蜻蛉有着细长的身躯和两对大翅，所以具有迅速的飞行力，这是谁都知道的。这两对翅都是薄膜，用细的网状脉和中间几根粗的纵脉支持着，前翅和后翅有同大同形的，也有后翅稍稍大些的。静止的时候，有的水平地张着，也有垂直地竖着，这些是蜻蛉分类上的重要根据。后翅的内缘，向下方弯曲，这是升降的调节器。当它高高向空中上升时，便把这内缘向前方伸去，降下时，将它向后方缩。

飞得快的昆虫，必定要有能够看远处的眼。所以蜻蛉的眼，在昆虫界中要算最发达了。蝶和蛾的眼，虽也发达，但总不及它。蜻蛉的眼，不光是大，而且构成复眼的小眼数，又非常多，大概是一万五千到两万只左右吧！每只小眼，只能映到物体的一部分的像，要由多数小眼的像，才能认识整个物体。而且当物体移动时，动的部分，移映在别的小眼，所以不用转旋眼睛，便知道物体在移动；当急速飞行时，可以明晰地看到外界情形，在它是十分便利。此外和蜻蛉同样，有一对大复眼的便是虻，家蝇也有八千左右小眼，所以说：家蝇在头上开着八千个小圆窗。蜻蛉除复眼之外，头顶上还有三只单眼。我们如果用漆将它的复眼涂满，放了。它就一迳向天空遥遥上升，终于不知飞到哪里去了。因此我们可以推想昆虫的单眼是近视眼。

触角变成刺毛状，短细得几乎引不起人们的注意。腮倒强硬得很，就是甲虫类的坚甲，也能够毫不费力地咬碎。胸部很粗，向前下方倾斜的侧板（pleaum）发达，而背腹两面反而十分狭细。所以脚不但生得比较在前方些，而且左右都互相接近。六只脚简直聚生在口的后面，而且脚的胫部，生着一行细毛。若把六只脚一围绕，一只笼子便造成了。这种构造，在空中捕捉虫类，是非常合适的。一旦被捕的虫，不容易从笼中逃走。而且脚既长在口旁，对于运食上也比较便利。不过它的脚不能像别的昆虫那样步行。所以静止时要改变位置，必须再飞起一回。取食物也必在飞行时。

性情凶猛，不是活的虫不吃。因为它有这种习惯专捕食为人类之敌的蚊、蝇、蝶、蛾、浮尘子等，所以实在是值得保护的益虫。

三　打箍和咬尾巴

我们常常看到，两只蜻蛉头尾相接，打成了箍在空中飞行。有时独只蜻蛉，自己把尾巴咬住了飞。这究竟是什么意思？难道在打架吗？但是咬尾巴又怎样解释呢？要明白蜻蛉打箍和咬尾巴的原因，先需将蜻蛉的腹部构造，来细细观察一下。

蜻蛉腹部的末端，有一对钩形的把握器，雄的特别发达。雄蜻蛉常将这钩形的把握器，去挟住了雌蜻蛉的头部或胸部而飞行。而且它们腹部还有在别的昆虫身上绝找不到的奇妙的特别构造，这叫作副性器，是长在雄的第二、三腹节下面的复杂器官，作贮藏精液用。雄蜻蛉常常弯着肚子，把从尾端排泄出的精液，预先贮藏在这里。这就是我们看到的蜻蛉咬尾巴。

雌蜻蛉的生殖器在尾端，形状是突起的。雌的头被雄的尾端挟住时，它也就立刻将腹部向前弯曲，把尾端抵到雄的副性器，插将进去，吸收精液。这时两只蜻蛉成首尾相连模样，就是我们所说的蜻蛉打箍。通常所用的"交尾"这个词，在别的昆虫，虽很适当，在蜻蛉倒觉得有点儿不大吻合了！

四　点水蜻蛉款款飞

雌雄蜻蛉结伴飞行，有时是在搜寻产卵的地方，有时正在产卵。它们发现了适当的池沼，料定有足够孩子们吃的食料时，便向水中产卵。那么产卵时为什么要雌雄在一起呢？因为雌的身子轻，到水中就浮起，不能深深地潜到水中去，若有雄的帮助，那么可以深深地潜入水中，一直浸到雄的腹基部。它们的卵子，深深地附在水草的茎上，因为这样可免别种动物的捕食。有时我们看到红蜻蛉一面贴水低飞，一面将尾端蘸水，就是唐朝大诗人杜甫所歌咏的"点水蜻蛉款款飞"的情形，普通都以为是在产卵。其实蜻蛉产卵绝不是这样简单，若不是雌雄相连接，绝不能安全地产卵。

蜻蛉的卵，孵化而成幼虫。它们活泼地在水中动作，这叫作水虿。水虿有别的幼虫身上完全看不到的两个特点。第一，头部有一个假面具。这是下唇的变形，因为形状活像戴着假面具，所以就取了这一个名字。这假面具的基部变成了腕，附在口上，末端还有一双钩子。水虿也是肉食性，捕食昆虫或小鱼。它要捉虫时，或是静静地等待，或是悄悄地找寻，遇到后，便突然将腕一伸，把假面具向前推出，用钩将虫挟住，再拉回来吃。幼虫还有一个特点，就是用直肠呼吸的。直肠里面，有乳状突起，内部由毛细管而成，再分出气管到身体各部，这叫气管腮。在由肛门吸入的水中，交换氧气和碳酸气[1]。

水虿经过了几回脱皮，就有翅的痕迹，这叫亚成虫。它老熟后就爬上水草、木椿或石块，再脱一回皮而变成虫。幼虫期大概是一年。就用幼虫的形态过冬，到明年春天而变成虫。

五　太古时代的大蜻蜓

世界上现存的昆虫，虽在四十万种以上，但古代昆虫的化石，却很少看到。据说已经发现的，只三千多种，约合现存种类的百分之一。

为什么化石昆虫这样少呢？据学者们的研究，说有两种原因。一是昆虫在海水中生活的极少；二是在含有水分的地方，形成昆虫骨骼的几丁质[2]便要溶解，所以不适于变成化石。

现在各国所发现的最古的化石昆虫，多是属于太古代石炭纪的。这时，脊椎动物中最早出现的鱼类，已经早早产生了。在石炭纪时代，地球的表面植物繁茂，昆虫已有许多出现，而且种

1.碳酸气：即二氧化碳。（编者注）
2.几丁质：广泛存在于甲壳类动物的外壳、昆虫的甲壳和真菌的胞壁中，主要是用来作为支撑身体骨架以及对身体起保护的作用。（编者注）

类也颇丰富，因为这时的化石昆虫，从系统学上看来，已相当进化，而不是原始的了。

在这少数的化石昆虫中，竟有一种古代巨大的蜻蜓。我们试仔细观察一下，便看到前胸有一对鳞片状的附属物，和现在鳞翅类的肩板相似，身子和直翅类相似，翅上有细细的翅脉密密地分布着，更和脉翅类

古代巨大的蜻蜓

仿佛，此外都和现在的蜻蜓一般，可见大体上总还是比较的原始形态。

这种古代蜻蜓真大得很，两翅张开，足有八分米。当它在茂密的古代森林顶上翱翔时，真同掠空低飞的双翼机一般。

六 薄翅描花

　　蜻蛉是孩子们最爱玩的昆虫，因为它既不会像蜂那样蜇人，又不会像天牛那样咬你的指头，更没有蝗虫般多刺的足和螳螂般见人便斫的镰刀。当夏天傍晚，孩子们便在竹竿梢头，装上一个篾圈，更缠上好多层的蛛网，东追西赶地去捉在水畔叶上休息的蜻蛉。捉得后，便用一根细线轻松地缚住胸部，放它在空中飞翔，但一端仍拿在手里，恰像玩氢气球一般。

　　这是现在各地通行的玩法吧！可是，古代的女子，却玩得更有趣，更艺术化。据《清异记》的记载，后唐时代的某宫女，有一天捉得了蜻蛉，爱它翅薄如纱，就用描金笔，在上面画了一朵小小的折枝花，用金线编织成的笼子养着。后来，这事传到外边，卖花的人都照样在薄翅上画了花，装在金线笼里，售给游女。富贵人家的檐前窗口，都有几只穿绣花衣服的蜻蛉来点缀点缀，一时竟成风气。

蟋蟀

一 异种类和异名

一到晚夏初秋，篱边墙下便可听到低吟浅唱的蟋蟀声，可是又因种类不同，腔调也就各异。现在把最普通的几种，介绍一下。

蟋蟀（Gryllodes berthellus Saussure）是我们通常捉来养着玩的一种。有些地方，因为它掘穴而居，又叫作穴居蟋蟀。从八月中旬起，直到十一月中旬，继续不断地"瞿——瞿——瞿"高叫着。其余详别节中。

蟋 蟀

油葫芦（Acheta mitrata Burmeister）体长二十五毫米，是蟋蟀中最大的一种，前翅发油光，现暗褐色，后翅折叠在前翅的底下，但还有长长的一截露出在外面，恰像添了一条尾毛，所以《事物绀珠》上说："油葫芦如促织而三尾。"成虫从九月中旬起，便很多地出现了。它们常住在堤畔或农场的垃圾中，食害胡瓜、甘蓝、粟和蔬菜等，或住在人家附近的草丛中。鸣声是，各罗各罗……或壳罗壳罗期……在著者故乡（浙江萧山）是叫它牛粪蟋蟀，因为翅色很像牛粪。

油葫芦

三角蟋蟀（Loxoblemmus haanii Saussure）体长约二厘米左右，翅现黑褐色，上面还有黄纹。雄的颜面，恰像削过般呈一平面，头部有三个大的突角。通常在垃圾堆中，"利、利、利、利……"这般短促地鸣叫。这种三角蟋蟀，在著者故乡，多叫作棺材头蟋蟀，因为其颜面同棺材头仿佛。因此又发生了一种若捉了拿到家里去，要发生不祥的迷信。

高颡蟋蟀（Loxoblemmus arietulus Saussure）和三角蟋蟀相似，不过雄者头部的突角不大显著。从十月中旬起出现，在堤畔或其他光线较少的地方，"利利利利、利利利利……"这般断续低鸣。有时会光临屋内，尤其是灶旁。

意大利蟋蟀（Cecanthus pellucens Scop）

高颡蟋蟀

身子细小怯弱，体色苍白，有的几乎雪白。它住在各种灌木和长草上，营空中生活，降到地面来的时候很少。它的歌声"古利矣矣、古利矣矣"，缓慢而柔和，更略略带一些颤音，听到这种歌声，便可推知其振动膜很薄而阔。从七月直到十月，每天从太阳下山时，它都要继续不绝地叫到半夜。

意大利蟋蟀

蟋蟀不单有这许多异种，就是普通蟋蟀，也因方言关系，又有许多异名：像蛬，是它早早已经有了的异名，又因为它要低吟浅唱，就叫作吟蛬。它在秋天叫得最起劲，仿佛在催促人们，赶快织布，准备寒衣。因此又叫作促织和趋织。俗谚说："促织鸣、懒妇惊。"于是山东济南就叫它懒妇（见《古今注》）。汉朝龙骧子，自己的名字叫作卬，不愿说同音的蛬，就将其叫作秋风，这是因个人的方便，而替它加上的异名（见《清异录》）。此外还有王孙（见《陆玑诗疏》）、投机（见《埤雅》）、莎亭部落（见《清异录》）等特别的名字。

二　形态

蟋蟀的口器是由广阔得几乎盖住了全部口的上唇，和从中央开裂分成左右两部的下唇，尖端锐利而坚牢的一对大腮，和躲在大腮下面，同针一般细小的小腮，以及司触觉的下唇须和小腮须而成，所以属于咀嚼式，有颇强的咬嚼力，适于草食。

蟋蟀的胸部也和别的昆虫一样，是由三个环节而成。前胸生一对前脚，中胸和后胸各生一对脚和一对翅，可是前胸特别大些，恰像我们卷了围巾一般。那么蟋蟀的前胸为什么要长成这等模样呢？大概当它一跳落下来时，即使头部碰着了什么，也可因这围巾状的前胸，缓和冲击，免得颈部受伤。

我们再来看它的翅膀，上面已经说过，有前翅和后翅各一对，后翅已经退化，只留着一些痕迹，藏在前翅的底下。前翅发油光呈暗褐色，狭长形，质地稍硬。后翅虽雌雄同一形状，前翅却不同，雌的只有细的网状翅，雄的还有美丽的波状脉，这就是它能够歌唱的缘故。

我们捉蟋蟀时，如果光抓住了它的一只脚，它便留下这脚而逃走了。这是一种自卫的手段，因为身体的一部分，已经陷在敌人手里，除舍去之外，没有自救的方法时，便只好将这一部身体"自切"而逃命了。"自切"并不是利用敌人拉扯的力而脱下，是它自身有一种特别装置，可以随意地将这部分脱下。除蟋蟀之外，像蟹、蝗虫等的脚和守宫的尾，都能够随意脱下，在危险中逃命。不过蟋蟀因为寿命太短促，脱下的脚，不会再生。

三　翅和歌声

蟋蟀能鼓翅发声，这是谁都知道的。那么这样小小的两片前翅，为什么能发出这般清朗的声调呢，所以我们应该把它的前翅的构造，再来考察一下。

蟋蟀的两片前翅,是右翅盖在左翅的上面,几乎全部盖着。只两侧成直角屈折的部分,密贴在腹部侧面。这两片翅,是同样的构造,所以只需观察一片就行了。那么就看右翅吧,它在背上的部分几乎水平,上面有漆黑而粗的翅脉,侧面成直角的曲折的襞,包住了肚部上面有斜斜地平行的细脉。全体翅脉构成了一个复杂的、奇妙的图案,有几处好像阿拉伯的文字。

如果拿来透光一看,便见到有极薄而带赭色的、相邻的两处,是特别透明些的。前方的比较大些,成三角形;后方的比较小些,成卵形,各有一条粗的翅脉镶边,有几条细的皱纹。前方的,此外还有四五根辅助用的橼木,后方的只有一根曲成弓形。这两处,便和螽斯类的鸣镜相当,是发音面。实在,这膜比别部分薄些,呈半透明。

前端的四分之一,是平滑略带赭色,用两根平行的弯曲翅脉和后方分界。这两条翅脉中间留着一个凹处,中间有五六个黑色小襞,恰像石阶一般。这等折襞构成摩擦翅脉,增加弓的接触点,使振动更加强大。

在这有石阶般小襞的凹处那面(翅的下面),有一根翅脉,上面有锯齿状的突起,这就叫作弓。你如果去数一数,便知道约有一百五十个齿,虽叫它齿,其实是很好的三角柱。

蟋蟀的发声器

1.摩擦翅膀;

2.弓;3.摩擦面;

4.弓的放大;5.腹面

左方的翅完全和右方的一模一样。当它发声时，先把前翅举起，大约成四十五度的角度，而且左右两翅再稍稍分开，用在上方的右翅上的弓，摩擦下方左翅的发音面上的翅脉。这时左翅的发音面不用说，右翅的发音面，也因弓的摩擦余动，也起振动了。四处发音同时振动，所以发生很强的音调，连几百米的远处都能听到。

既然左翅和右翅一样，那么用左翅的弓去擦右翅的发音面，总也可以吧！或者轮流用用，也可减少肩头的疲劳。其实因为是右翅合在左翅上面，发音的时候，不能上下交换一下，所以左翅的弓，简直是无用的装饰品。

蟋蟀虽常和蝉比赛，但它不像蝉那样只发单调的噪声。它能将两翅举起或放下，变更音的强度，就是因翅缘和软软的腹部的接触面的广狭，变成低声微吟或高声放歌。

它的歌声，又和空气的温度有关，当残暑未消时，它也拼命高唱，金风乍起，玉露送凉，它也就凄凄切切地低吟了。在交尾的时候，通常也不发高声，只"唧唧、瞿——，唧唧、瞿——"地低声唱它的欢乐歌。这种声调，在著者故乡，叫作蟋蟀弹琴。

四 巢穴

这是昆虫历史上传下来的一段逸话：

曾有一只贫苦的蟋蟀，在自己门口曝日，

一只美丽的蝴蝶，不知从哪里飞来。

这蝶有两根长长的须，真漂亮，真好看，

淡蓝色的月斑，连成一串，黑线上，还有点点金光。

"飞呀！飞呀！"隐士对蝴蝶说：

"花枝上，朝朝暮暮；你的蔷薇，你的雏菊，不及我卑陋的小舍。"

他的话真不错。暴风骤雨来了，蝶便落在泥潭里，

它破碎的遗骸上，天鹅绒都染了污渍。

可是，不怕风雨的蟋蟀，不管雨打、风吹、雷鸣，躲在小房子里，毫不在意地瞿瞿低唱。

呃，谁都在东奔西走，找寻快乐和鲜花。

卑陋的家庭和家庭中的和爱，倒是使我们免除忧患。

上面是法布尔《昆虫记》中歌咏蟋蟀的诗。他不称赞它的歌声婉转，而只推崇它的造巢能力。的确蟋蟀是造巢的天才。别

的昆虫,多在开裂的树皮、枯叶、石砾的下面,暂时寄身,独有这种蟋蟀,轻蔑现成住宅,要拣好向阳而合乎卫生的草原,用自己的力,从穴口直开掘到深处。

穴的内部,非常朴素,可是并不粗陋,它已费了长长的时间,把不愉快的凹凸,全部消除了。从穴口起,先是一条指头般粗,六七寸长的走廊。走廊的尽头,便是一间卧室,比别部打磨得更光滑、更宽大,这是它休息的地方。穴内非常清洁,毫无湿气,很合卫生。虽然不见得怎样复杂和宽敞,但对于没有什么掘穴工具的蟋蟀,真同开一条大隧道一样啊!

除交尾的时候外,穴里总是住一只蟋蟀。若有不愿自己开掘的懒惰者来夺穴时,便起一场大争斗。当然,这穴是属于优胜者的了。

五 产卵和孵化

要看蟋蟀产卵,不必怎样大规模地准备,只需有点忍耐心就行了。六七月里,捉一只雌蟋蟀,放在底上铺着一层泥土的花盆里,再用玻璃或铜丝网罩着,防它逃走,而且常常调换鲜菜叶,不要使它挨饿。这样布置停当后,如果你还肯热心的一次一次访问,那一定能够给你一个满足的报酬。

雌蟋蟀产卵时,将产卵管垂直地插入泥土中,静静地伏着,过了好多时，拔出产卵管，休息一回，再到别处去，在它势力范围内的全面积上，一次一次地反复着，大约经过二十四小时，产卵工作方才完毕。

我们如果拨开花盆中的泥土，便能看到成两端圆的圆筒形，长约两毫米、稻草似黄色的卵，各个孤立，垂直地并列在土中。凡是两厘米深的地方，便能寻得。一只雌蟋蟀，大约要产五六百枚卵。卵数这般多，大概在短期间内，还要经过残酷的淘汰。

产卵的姿态

卵在产后的第十五六天，两点圆圆的带赭色黑眼，在前端隐隐地看得出了。这时，这两黑点的稍上方，就是圆筒的顶点，有一个小小的圆圈痕显现，这就是破裂线。不久，卵透明了，连幼虫的环节都看得出。后来，卵顶被这蛰居者的额一顶，就沿着破裂线分离，抬起，挂在一边，恰像小坛的盖子，小蟋蟀就从这魔术箱里出来了。

幼虫出来后，壳依旧膨胀地留着，光滑、洁白，一点没有伤痕，球帽似的盖子，倒挂在口上。鸟卵壳往往被雏鸟啄得七洞八穿，但蟋蟀的卵倒有更好的装置，只需用额一顶，便因铰链作用完全像象牙筒似的开了。

抬起象牙筒似的盖而出来的小蟋蟀，身上还有褪褓似的一层薄膜紧紧地包裹着。蟋蟀有着长长的须和长长的腿，就这样从卵中出来，一定砸砸碰碰，有许多不便，所以要这样一件产衣。当它一出卵口，便把这层薄薄的褪褓脱去了。

脱去薄纱般的褪褓，洁白色的小蟋蟀，立刻和头上的泥土开战。它用颚咬咧、扫咧，细碎的尘埃，便用脚蹴向后方。终究到达地面，浴着和暖阳光，同时，和蚤一般大，非常孱弱的它，已投在生存竞争的危险旋涡中了。经过二十四小时，体色变成黑檀色，和成虫相仿。当初洁白的遗迹只剩一条狭窄的白带，绕在它的胸际，恰像刚学步的孩子，胸口缚着一根牵带。

它舞着长长的触角，慢慢地走，高高地跳，只需提防要残杀它的敌人——蚁。

到十月底，天气逐渐冷起来，就着手掘穴了。起初掘得很起劲，在容易掘的土地上，只需两小时光景，就全身没入地下。此后得到闲暇，便每天掘一点，所以随着天气的加冷，身子的长大，它的穴也渐渐地越掘越深，渐渐大了。这样在地下过冬，到来年春天，又跳到地面上来。

六　交尾和争斗

蟋蟀是雌雄别居，大家都不大愿意出门。那么终究是哪个出门呢？是叫的雄虫，走到被叫的雌虫那边去呢？还是被叫的雌虫，走到雄虫那里去呢？若说在交尾时期，鸣声是远远地隔离开的两家间的向导，那么应该是哑的雌虫，走到饶舌的雄虫那儿去，可是，你如果细细观察，好像雄蟋蟀有一种特别方法能够追寻无声的雌虫。

如果有两只求婚者，便要起激烈的斗争。双方相对立起，劈头便咬头盖，但这是很结实的兜，大腮咬不进的。接着，扭结着在地上打滚，再立起，各自分开，败的便赶忙逃走，胜的高唱凯歌。

此后，胜利者便在雌虫的周围骨碌骨碌兜圈子。它用指尖将一根长须拉到腮下来，细细地玩弄，涂上一层唾液，又将穿着铁跟靴、缠着红带的长后肢，焦灼地踏地，或向空中弹蹴。两翅虽迅速地颤动，但并不发声，即使发一些微音，也是不整齐的擦音。

求婚失败了。雌虫已逃跑而躲入草丛中，但它还在牵帷眺望。这恰和古代希腊牧歌中的名句所咏一般：

"逃向柳荫深处，
好从隐处观瞧！"

酣斗的蟋蟀

恋爱的历程，是到处都同的。

歌声又起，是低低的而夹着颤音。雌蟋蟀终究因这般的热情而动心，从隐处出来。对方走到雌虫的面前，忽又掉转身来，尾巴向雌虫，伏着倒退，一步一步地逼近来，再三地想滑进雌的腹下，这奇妙的后退的运动，终究达到目的。一粒精囊，比针头还细小的微粒，摇摇地落下了。

十米左右的长距离旅行，在蟋蟀真是一件大事业。那么事情完毕后，平常幽居鲜出，地理不熟的它，已无法回家了。它已没有重新掘穴的时间和勇气，只在草畔彷徨，往往做了巡夜的蛤蟆的点心，得到悲惨的结局。它虽因求爱而失家杀身，但已完成了传种的神圣义务。

七　促织经

　　唐朝人多喜欢捉得蟋蟀，养在小笼子里，放在枕畔，夜里听它的歌声。到了宋朝，江浙一带，已有用斗蟋蟀来赌钱的了。斗时，必先依着虫的大小轻重配搭，赌钱的人，也各认定一方，任意下注，然后在特别的盆中，用草牵引，开始争斗。由两虫的胜负，来决定钱的输赢，凡常常得胜的蟋蟀，便有什么将军的封号，死后还要用金棺盛了埋葬呢！

　　南宋时代的宰相贾似道，便是和蟋蟀最有缘的。那时建都临安（现在的杭州），他便在西子湖边，造一间别墅，叫作半闲堂，在里面大斗蟋蟀。他不但在《蟋蟀谕》中，大大地赞美，说什么：

　　"暖则在郊，寒则附人，似识时者；拂其首则尾应之，拂其尾则首应之，似解人意者；合类颉顽，以决胜负，英猛之气，甚可观也。"

　　他还写了一本《促织经》，把选择法、饲养法、疗治法说得清清楚楚，现在就再抄录一节吧：

"生于草上者其身软，生于砖石者其体刚，生于浅草、瘠土、砖石、深坑、向阳之地者，其性劣。其色，白不如黑，黑不如赤，赤不如黄，黄不如青。其形，有白麻头、青项、金翅、金银丝额，上也；黄麻头次也；紫金黑色又其次也。以头项肥、脚腿长、身背阔者为上；头尖、项紧、脚瘠、腿薄者为下。其病有四：一仰头、二卷须、三练牙、四踢腿，若犯其一，皆不可用。若两尾高低、两尾垂萎，并是老朽，亡可立待也。其名，有：白牙青、拖肚黄、红头紫、狗蝇黄、锦簑衣、肉锄头、金束带、齐脊翅、梅花翅、琵琶翅、青金翅、紫金翅、乌头金翅、油纸灯、三段锦、红铃月额、头香色、脉铃之类。养法：用鳜鱼、菱肉、蔗根虫、断节虫、扁担虫、熟栗子、黄米饭。医法：嚼牙，喂带血蚊；内热，用豆芽尖叶；粪结，用虾婆头煮川芎搽浴；咬伤，用童便蚯蚓粪调和，点其疮口。"

这位宰相养蟋蟀的经验，确是丰富，你看他能说出这许多诀窍。可是仅保的半壁山河，又在瞿瞿声中，动摇了，亡失了。

蝗虫

一 种类

蝗虫是螳螂和蝉蟝的远亲。但和螽斯、蝈蝈儿倒是弟兄辈分,你看它除触角成鞭状而短。雌的产卵管不长,变成短短的钩状;雄的生殖下板很强大,成舟形,藏着交尾具等几个特点外,几乎完全相同。

蝗虫科又可分作九亚科,种类多得很。有几种只栖息于南美或西欧,现在将我国常见的几种,介绍一下。

大蝗虫（Pachytilus danicus Linnaeus）体长五十毫米到七十毫米,全身现黄褐色或绿色,而且略略带一点天鹅绒般的闪光。大腮是蓝色。前胸背部的中央,

大蝗虫

有一条纵走的隆起。前翅很长,盖住了腹部,还有许多刺,上面还有黑褐色的斑点。后腿节是鲜红色。幼虫起初是白色,不久,就变暗灰色。常常结成大群,到处飞行。

红脸蝗虫（Stauroderus bicolor）体长三十毫米到六十毫米，普通多现褐色，偶然也有别种色彩的。脸带赤褐色。前胸比头部更细，背面突起的纵纹，是

红脸蝗虫

黑色的。前翅比腹部长，有黑褐色的斑点，近着中央，还有几点灰白斑。后翅透明，末端稍稍暗些。后肢的腿节，是淡红底色上洒了黑斑，胫节端是赤褐色，跗节是黄白色。这是草丛中常常遇到的一种，还能够"其、其、其"地啼叫。

车轮蝗虫

车轮蝗虫（Gastrimargus transversus），雄的长四十毫米左右，雌的是五十毫米左右。体现绿色或褐色，触角黄色，前胸的纵走隆起和两侧的纵条是黑色。前翅绿色，两侧成黑褐色，还有两三条纵走白纹，外缘有黑褐纹散布着。后翅的基部现绿黄色，外面有一黑带绕着，张开时恰像车轮。车轮蝗虫的名字，也是因此而来的。后肢的腿节上有小黑点散布着，胫节是红色的。

此外像捣米虫和蚱蜢，也是蝗虫科中常见的昆虫，就顺便在这里介绍一下。

捣米虫

捣米虫（Acrida lata）体长，雄虫四十毫米左右，雌虫八十五

毫米左右。全身现绿色或褐色，有的有斑条，有的没有斑条。头成圆锥形，突出有一对扁平成剑状的触角。雌虫的头部两侧，有桃色的纵纹，前翅的中央，又有一条纵走的白纹。飞翔时，发"克几克几"的摩擦音。你如果抓住了两只后肢的胫部，它全身便一俯一仰，动个不休，恰像捣米一般，所以得了这样一个名字。

长翅蚱蜢（Oxya velox Fabricius）是有名的稻的大害虫，分布于东亚各地。体长三十至五十毫米。现黄绿色，前胸的两侧有褐色纵纹。前翅比腹部长许多，前缘还有深深的缺刻。

长翅蚱蜢

脊条蚱蜢

脊条蚱蜢（Patanga succincta）雄的体长三四十毫米，雌的有六七十毫米。体现黄褐或赤褐色，从头顶直到前翅的后缘有一根粗的黄纹。复眼的下面，装着粗的黑条。前胸两侧，有黄白两条，中间还夹一根黑纹。前翅很长，超过尾端，黄绿色，但基部成黄白色，中央及外缘，有褐色的斑纹散布着。后翅暗褐，翅底带赤色。

二　鸣声

　　当蝗虫吃得饱饱，在日光中陶然休憩的时候，为了表示满心喜悦，它用粗胖的后腿，或右，或左，或两方一起，擦自己的腹侧，发出针头划纸似的低低摩擦音，每反复三四回，休息一下。其实这不过像我们感到满足时的擦手，不能算什么鸣声。像大蝗虫和捣米虫，当飞行的时候，前后两翅相击，发出"葛儿葛儿"的声音，也不大像音乐。

　　唯有红脸蝗虫等，能用有特殊构造的后腿，摩擦前翅，发出"察——察——"的声音。这虽没有像蟋蟀、蝈蝈儿的歌儿那样好听，但在寂寂旷野中，听到这样单调而哀愁的鸣声，谁都会涌起诗情吧！

　　这种蝗虫的后腿上下面都有龙骨形的隆起，而且各面还有两根粗的纵脉。这根粗脉中间，都有成锯齿状的突起。不过被腿节摩擦的前翅的下缘，只有几根粗脉，此外并无什么变化，而且这几根粗脉，既不是同锉一样粗糙，又没有齿形。这样简单的乐器，要发出人们听得见的音乐，它必须起劲地将后腿举起放下，动个不休。

蝗虫的发声器

1.后肢的锯齿状；

2.锯齿面的放大

当天空在断云飘浮，太阳时现时隐的时候，你若去观察它们的歌唱状况，便能得到下面的结果。当阳光照着时，两腿迅速地擦动，歌声虽短促，只叫太阳不躲进云里，总之反复下去。云影移来，歌声立即停止，等待阳光照临时再唱起。

发音的动物，大概都有耳朵的。蝗虫类的耳，在腹部第一节的两侧。这是半月形的鼓膜，下面装有导音器、听细胞、听神经，在第二龄的幼虫，能够从外面看到，不过也有终生不露什么痕迹的。

三 产卵

蝗虫交尾，是雄虫走近雌虫，这时，有鸣器的种类，便起劲发音。到后来，终究攀登雌的背面，伸长蛇腹式的肚子，左弯右屈地把尾端和雌的相接。这种交尾形式和螳螂相同，和蟋蟀各异，完全是交尾具形态的关系，这里不详述了。

母虫产卵，总在四月下旬。它选择了向阳的地方，用不断的努力，将尖端圆钝的腹部，垂直地插入泥中（但也有产卵在朽木中的）直到全部埋没。因为

蝗虫的产卵

另外并没有什么穿孔器，不大容易插入，常常使它踌躇，但终究以坚忍而达到目的。

母虫的身子一半埋入泥中时，辛苦的工作，也告成了一半。它又把身子仰一仰，这是将卵挤出的动作，所以每隔一定时间反复一回。大约经过四十分钟，母虫赶忙将腹部从泥中拉出，向远方跳去，既不看一看产下的卵，也不扫拢泥沙来遮盖孔口。

蝗虫没有蟋蟀般长的产卵管，但卵若不放在相当深的泥中，湿度不够，所以只好尽可能地伸长腹部。若把产卵的雌蝗，从穴中拉出来，诸位必定要看了吃惊，因为环节间膜，已出乎意料地伸长，而成透明的腹部了。

蝗虫类的一个卵块，大约含有三十到六十枚卵子，还有黏液做成的外包。

四　从蝻到蝗

蝗虫的幼虫有一个特别名字，叫作蝻。形态上和蝗不同的，就在两对翅。蝻的前翅是小小的三角形，上端附在背上和前胸甲的隆起相连接，两尖端左右分开，恰像一袭为了可惜布匹而做成的齐胸短衣。里面还有两根细的皮带，这是翅的萌芽，比前翅更小。

蝻完成了最后一次的脱皮，就成蝗虫，中间不必经过蛹的时期，所以叫作不完全变态。研究昆虫的书本上，虽这样清清楚楚地写着，但读者总觉怀疑，形态这样复杂的蛹，难道也能像蛇这样脱皮吗？生着两行细刺的脚，怎能脱得出呢？还是同死去的表皮那样，零零碎碎地脱落吗？

假使你有忍耐心，你便能看到从蛹变蝗的经过。

当它用爪仰向地挂在某物上，前肢缩在胸口，三角形的小翅尖端向左右张开，中央露出两片狭窄的薄板。这就是到处保持安定的脱皮姿势。

最先，不能不把旧衣撕破。前胸甲的背面，隆起纵纹的下面，起一胀一缩的鼓动，项颈的前方，也有同样运动。大概要破裂的甲壳下面全都有这等运动，不过只装着薄膜的接合处，让我们看到。

蛹所蓄积着的血液，齐向这中央部涌来。外皮尽可能地伸张，伸张，终究沿着预先准备着的抵抗力最少的一线，破裂了。裂口和前胸甲一样长，恰恰开在隆起部的上面。它的外皮，除这抵抗力最少的一线外，不论哪部分，绝不会破裂。裂口渐渐伸长，后方直到翅根，前方达到头部，达到触角，再在那里，向左右各分一条短短的枝，背脊可从这裂口看到了，极软、苍白，略带灰色。不久，渐渐膨起，渐次变成了瘤，终究完全脱出。

从蛹到蝗

接着，头部也拉出了。面具，照旧留在原处，丝毫不改变。两只已经什么也不看的玻璃眼睛，实在奇妙得很。触角的筒，并无皱襞，丝毫不乱，保着自然的位置，从这死而透明的面上垂着。

这回是轮到前肢了，接着是中肢也脱下了手套，依旧是不裂不皱，保持着自然的位置。这时，虫只凭长长的后肢的小爪挂着，它的头向下垂直地下垂，我们若用指头去碰一碰，便像钟上的摆那样摇摆不定。

这回是翅膀拉出来了。这简直是四片狭幅的破布条，又像嚼碎的纸捻头，而长度也只长成后的四分之一。这时它非常软弱，垂在体的两侧。应该向着后方翅尖，现在竟向倒挂着的虫的头部方面，恰像四片厚肉的小叶，受暴风雨的侵袭而萎垂。

这时，拔后肢了。大腿在里面像是涂着淡蔷薇色，一会儿，这种色彩变成浓红色的线条。照我们想来，拔后肢倒并不难，因为有庞大的基部和大腿，替细细的胫部开了通路。

可是，事实上没有这样容易。蝗虫的胫部有两行锐利的针状突起，还有四个粗爪附着在下端。蛹的胫部也是同样构造，一个一个钩爪，用同样的钩爪，一一包着。一个一个齿，也是嵌在同样的齿里面。这锯子般的胫节，能够毫不损伤它的狭长的鞘而拔出，若不是亲眼看到，总不能相信有这回事。

刚才脱出的肢柔软得很，不适于步行，但过几分钟，就相当的硬了。于是，拔腹部了，这薄薄的上衣，起襞、生皱、缩成一团，连在尾端。这尾端暂时嵌在壳里，此外，蝗虫已全身裸体了。

它头向着地，颠倒挂着。着力点，现在是空的胫节上的四个小爪。这四个小爪，在全部作业中绝不移动。

尾端黏在壳上，定着不动。肚子非常大，里面贮满了可构成组织的体液，这液是立刻用在翅的发展上。

它休息了二十分钟左右，背脊一挺，便向上了，再用前肢的跗节，攀着挂在上面的空壳，退出尾端，身子摇摆一下，而空壳堕地了。

完成了这种繁重的工作后，穿着齐胸短衣的跳蝻，就变成遮天蔽日的飞蝗了。

五　蝗群

蝗有集成大群，飞行各地的习惯。1889年，红海附近出现的大蝗群，面积有两千平方里，以一只重十六分之一盎司计算，全体已有42, 850, 000, 000吨重。在远处的大群，恰像雨云一般。飞行的速力，通常是每小时十里至二十里，若乘着顺风，四五十里也并不稀奇，高度约二三千尺。拍翅发声和骑兵赴战场时的马蹄声一般，又像暴风乍起吹卷船桅。大群经过时，在附近的一切蝗虫，都全部加入，连到无翅的跳蝻，也向着同一方向进行。地面不比天空，有重重的障碍，不让你以直线进行，可是，跳蝻的坚决的意志，竟战胜重重难关。若有墙垣拦住，它们便攀升，若遇流水阻隔，便浮水而渡，有时各自咬住别虫的脚，跨河架起一条活桥，牺牲一部分，让多数同类渡过去。

蝗群若降到地面，因虫数比草叶更多，青青的草原，立刻变成赤土，阿拉伯人常常受蝗群的迫害，害怕得很，竟认作是一种天降的恶魔来对人类复仇。在他们想象中的蝗虫，是有牡牛的首、牡鹿的角、狮子的胸、蝎的尾、鹫的翼、骆驼的腿、鸵鸟的脚和蛇的尾巴的怪物。它具有一切动物中最强的、最快的、最可怕的特性。他们还信着，蝗虫只产九十九粒卵，若满百粒，它的孩子们，便要吃尽全地球。北美洲最有名的蝗虫，名叫洛基山蝗虫。政府为了对付它，还特地设立了一个特别机关。

我国蝗灾，历朝都有，真是记不胜记。现在把《玉堂闲话》中，关于晋朝天福末年大蝗灾的记录，介绍在下面：

"蝗之羽翼未成，跳跃而行，其名蝻。晋天福之末，天下大蝗，连岁不解，行则蔽地，起则蔽天，禾稼草木，赤地无遗。其蝻之盛也，流引无数，甚至浮河越岭、逾池渡堑，如履平地；入人家舍，莫能制御。穿户入牖，井溷填咽，腥秽床帐，损啮书衣，积日连宵，不胜其苦。郓城县有一农家，蓄豕十余头，时于陂泽间，值蝻大至，群豕跃而啖食之；斯须，腹饫不能运动。其蝻又饥，唼啮群豕，有若堆积。豕竟困顿不能御之，皆为蝻所杀。"

在草原上点点飞跃，引得小孩们东奔西赶地追逐的蝗虫，竟能这样加害于人，真是万万想不到的。关于它们群飞的生理原因，直到现在还不曾研究明白，这里也只好略去不谈。

六 治蝗

据说埋在泥中的蝗卵，若遇大雪，便要深深地往下钻，来年不得孵化。所以苏东坡《雪后书北台壁》的诗中，有"遗蝗入地应千尺"的句子。这究竟是否为事实，还需经过实际的考察，但采掘卵子，要算治蝗的最根本办法。五十年前，日本北海道发生飞蝗，开拓使就悬赏收买卵块，竟有不少因此发财的农家。

南非洲英国殖民地发生大蝗灾时，他们便张起布幕，拦住去路，使蛹全数堕入幕下新掘成的沟中，布幕的下沿，还缀上光滑的皮带，防它攀登。但这种方法，只适用于蛹，若已长成长翅，漫天飞舞，你再也休想拦阻它。

现在南非地方，对付这种飞蝗，是用煤气烧杀，但也有连植物都烧死的缺点。

现在已经发现的有效方法，是在幼虫时代，将砒酸铅、巴黎绿等毒药，撒布在食草上，把它毒毙，不过，一切家畜，都必须隔离。

这等凶横的蝗虫，其实也有许多敌害虫：

到了秋天，常常有死的蝗虫停在草上，这是被一种特别的菌类寄生的缘故。还有一种名叫美而米司的蛔虫，寄生在蝗虫的体内，当它从肛门外出时，寄生主蝗虫就死了。豆莞青（Epicauta gorhami）要吃蝗虫的卵。此外像螳螂等，更是以蝗虫做主要食物。人们如果能保护这些昆虫和菌类，那么，蝗灾也可减少几分。

螳螂

一 异名和种类

螳螂的异名，除螳蜋、蟷蠰等外，倒很有几个有趣的。我国因为它昂首奋臂，颈长身轻，行走迅速，有马的姿态，所以叫作天马；又因它两臂如斧，当辙不避，叫作斧虫和拒斧；见它翼下红翅，和裙裳一般，又取了一个阴性的名字，叫作织绢娘。

欧洲方面，有一个带宗教气味的名字。因见它两臂常常缩在胸前，同祈祷一般，德国就叫Gottesanbeterin，法国叫Mante，用英语的地方叫Mantis；都是从希腊语中Uavtis（预言者）生出来的，意思就是拜神者。美国有Rear-horse这样一个俗名，意义是竖立的马，也是从它的姿势而来的。日本叫作镰切，因它伸臂捕虫时，恰像用镰好切物。

螳螂的种类也相当多，现在把最普通的大螳螂和普通螳螂，介绍一下。

大螳螂（Tenodera capitata Sauss）体长八九十毫米，是最大的一种。全身是绿色或黄褐色。前胸颇长，两侧有锯齿，背面有

纵走的隆起。前翅比腹部更长，
翅脉很细密，简直同绫一般，前
缘现黄色。后翅半透明，横脉的
一部分现褐色。前肢的基节，是
黄橙色，跗节的内侧，有黑褐色
的纹理。

螳 螂

螳螂（Tenodera aridifolia
Stoll）体比大螳螂小些，长约七八十毫米。全身现绿色或黄褐
色。前胸细长，背上有纵走隆起，但并不高。前翅盖到尾端，还
略有剩余。横脉细，前缘阔，现黄白色。后翅淡褐色成半透明。
有一部分横脉很显明，现浓褐色。

此外像小螳螂（Pseudomantis maculata Thumberg）、大肚
螳螂（Hirodula bipapilla Serville）等，也是常常遇到的。最特别
的是产在东非洲的花形螳螂，胸节的两侧和前肢的腿节，各有
美丽颜色的薄膜张着。错认作花朵而飞来的蝶、蛾、蝇、蜂等，
常被这螳螂捉住。

二 幼虫和成虫

螳螂从卵孵化，直到成虫，要蜕九回皮，身子也随着逐渐
长大，和蟋蟀、蝗虫一样，都是不完全变态的昆虫。粗粗一看，

形态上颇和蝗虫科中的捣米虫相像，但它的后脚不能像蝗虫那样跳跃，只用中脚、后脚，在草丛花间敏捷地走着。装着镰刀状的前脚的前胸节，比中胸节和后胸节要长得多。这前胸节的长度，从孵化出来的幼虫起，每蜕一回皮，延长二成九分。所以若知道了最初幼虫这节的长度，那只需将这节量一下，便能断定这是蜕了几回皮的虫。复眼的长成，也是同样，每蜕一回皮，复眼每只小眼的长径，扩大二成九分。

螳螂的幼虫也和蟋蟀、蝗虫同样，只生着短短的翅膀，有些地方，就叫它赤膊螳螂。但捕食的残忍性，从小就有了，刚从卵壳钻出来的小螳螂，先捕食蚊、蠛蠓等这般小昆虫，后来会得捉蝇咧，以及小的飞蛾咧，身子逐渐大起来，那么连大型的昆虫咧，蜘蛛咧，都是它们的食料了。蝉更是它们最喜欢吃的肴馔，所以有"螳螂捕蝉，不知黄雀在其后"的话。蝗虫的体力比螳螂大得多，而且又会飞会跳，照理应该可以很容易地遁逃，可是它并不逃走，反而走到螳螂身边去。这真同受了催眠术一般。

螳螂从刚出卵壳的幼虫时代起，直到成虫老死，终生捕食昆虫，在农家实在是一种有益的昆虫。若能够采集卵块，藏着过冬，到春季去放在害虫多的地方，一定有极好的效果。

三 狩猎

螳螂有着苗条的姿态、优美的装饰、浅绿色围裙似的长翅、自由旋转的头，可是，这非常平和的外观下，隐藏着残忍的习性，祈祷似的缩在胸前的臂，就是杀人的凶器。

前肢的腿节，比较长，像细长的纺锤，上面的前半截，有两排锐利的针。里边这排是十二针，黑而长的和绿而短的相间列着。为什么要长短相间的呢？这样才能增加轮齿的锋利。外面这排颇简单，只有四个针。

胫和腿的关节，是活动的关键。胫上面也密生着两行比腿上的更细小的多数针。胫端有和最好的缝针相似的锐利的钩，是下面有沟的双刀沟。

螳螂在平时好像没有什么攻击力似的，两臂缩在胸前，真像一个祈祷者。若有什么可吃的虫类经过它的面前，祈祷的姿势立刻改变，三部工具，赶忙展开，将末端的挠钩，远远投去。挠钩刺着了，便向后拉，将捕获物拖到两条锯子的面前。前腕一动，两锯就闭合了，不论蝗虫、螽斯等比较强大的虫，一到挟在四行针的齿轮中间，什么本领也施展不出而死了。现在更把螳螂捕蝗的情形来介绍一下。

螳螂一看到灰色大蝗虫，便作痉挛的跳跃，忽然摆出可怕的姿势，张开翅膀，斜斜伸向两侧，后翅满满张着，恰像装在背下尻上的两张对称帆，尾端剧烈地上下动摇呼呼发声，简直像吐绶鸡张尾时的吐气声一样。

后面的四肢将身躯高高抬起，全身几乎直立了。作攻击用的前脚，缩在胸前，两肘向左右张开，和前胸恰成一"十"字形，而用几行珍珠和白心黑斑装饰着的腋下，也显露出来了。这斑纹真像孔雀尾上的眼状斑，是威武和狰狞的点缀品，所以除战争时外，平时是秘藏着的。

螳螂摆出了这种奇异姿势，一动不动，眼睛注视蝗虫，头跟着对方的移动而转旋。摆这姿势的目的无非要使对方把自己当作一种凶猛的猎兽，惊惶骇怖，全身麻痹得不能动弹。

这目的达到了吗？蝗虫的长脸上，究竟起了什么变化呢？它们铁一般的面具上，我们原看不出有某种感情表现，但受了威吓的它，知道危险已迫，那是的确的。怪物立在自己面前，举起挠钩想打倒自己，这是看见的。也许连自己已去死不远也感得到吧！即使时间上来得及，会得走的它，长着粗腿会得跳、生着长翅会得飞的它，也绝不逃走。它就昏迷般静伏在那里，或者竟慢慢地走到螳螂身边去。

小鸟在张开鲜红色大口的蛇的面前，恐怖得神经麻痹，更因蛇的眼光照射而昏迷，站在那里发呆，全不想飞走，结果被蛇衔住了。蝗虫也差不多同样情形，当它昏迷时，螳螂的两把挠钩，就远远地投去，爪刺进去了，两行锯合住了。不用说也有可怜的抵抗。它的大颚向空咬，它的腿向空弹，但总不能从两行锯中间挣扎出来。螳螂就收叠了军旗似的翅，回复平常姿态而休息了。

螳螂攻击危险性少的捣米虫和蝉时，虽也摆出妖怪的姿势，但没有像对付蝗虫时的威风凛凛，时间也短，有时竟不摆姿势，只轻轻地将挠钩投去，就立刻带了回来。

它捉了俘虏，一定从后头先吃起。不论哪种昆虫，若这后头的小脑部分被它一咬，便毫不挣扎地死了。

四　同类相残的惨剧

共同生活，原是带着危险性的。槽中的刍草少了，驴马，那和平的驴马，也要互相争闹。但螳螂的同类相残，倒不是为了粮食。

当雌螳螂的腹部膨大，卵巢已造成了念珠似的连串的卵，结婚和产卵快要到临时，即使并没有一只可作竞争目标的雄螳螂存在，一种嫉妒的愤怒，无端地在心中燃烧，因卵巢的作用，引起了同类相残的狂暴性。威胁、捕获、开肉食的宴会，一切都起来了。怪物似的姿势、拍翅的声响、伸着挠钩、空中乱舞，这些又再表现出来了。示威的姿态，完全和对付灰色大蝗虫时一样。

偶然相遇的两只，突然取战斗态度：头频频向左右旋动，互相撩拨，互相睨视，用下腹部擦翅，"判——判——"发声，通知要袭击了。一只挠钩骤然展伸出来，攀住了对方，同时，全身也突然改取了拉扯的姿势。自然敌人也起来反攻。这种击剑姿势，恰和两只猫互相搔抓一般。胖胖的肚子上出血了，有时即使没有什么伤痕，一只已自认败北而退。胜利者也收叠了战旗，一面提防战斗再开，一面去捉蝗虫了。

可是结果更悲惨的，也是常常有的。这时，真是恶争苦斗，掠夺用的前脚，在空中乱舞。胜负既分，胜利的就把失败的挟在两刀锯中间，立刻从项颈直咬下去了。这不快的宴饮，完全和咬蝗虫时同样，静静地进行，即使横在食案上的是自己的姊妹，也毫不为意地吃去。周围的同伴，一有机会也要同样地对付自己，所以大家不会提出什么抗议。

连虎狼都不食同类，螳螂却毫无顾忌，即使自己周围有许多美味的螽斯，也要拿自己同伴来开宴会。它这种习性，真同人类中爱吃人肉的恶癖相仿佛了。

五 轧拉轧拉吃丈夫

螳螂的生活中，最有兴趣的就是性的行动。大概到了八月底，雄虫就飞翔，或步行，在找寻雌虫交尾了。一看到雌虫，赶忙走近去，挺起了胸脯、竖直了项颈，静静地望着对方。雌的毫不关心地一动不动，雄的又向左右张开翅膀，"擦擦"鼓动，好像想使雌者知道自己在这里似的。这里我还需补添几句，雄螳螂的翅很发达，有许多比腹部更长，雌螳螂的翅，没有雄的这样发达，而且腹部肥满，不能飞的很多。

不知怎样一来，雄的已看到了恋人许婚的表示，更走近去，再张开翅膀，痉挛地拍动。可怜的他，已攀登在肥满的她的背上，而且慌忙用前脚抓住雌的前胸，来保持身躯的稳定，尾端向雌的尾端弯屈，生殖器密贴接合了。通常为预备动作所费去的时间颇长，可是真正交尾也要好久才完毕，有时竟到五六小时。

当雄虫紧紧地抱着雌虫而行交尾时，头部就不知不觉地凑近雌虫的头部。这时，雌虫将他从头上起，一直吃下去，也是常有的事。

法布尔曾有一只已受精的雌螳螂，在饲育笼里吃了七只雄螳螂的记载。我们如把几对雌雄螳螂关在一笼，在它们交尾时，雌的就趁雄的在愉快地抱着时，不管头咧、颈咧，除生殖器外，全吃个精光。

这种要吃丈夫的残忍性，除雌蜘蛛和雌蝎之外，是再也找不到的。法布尔以为这也许是古生时代遗留下来的劣根性。为什么呢？螳螂是最古时代就出现于地球上。但现在还和在大羊齿林中徘徊的祖先一样，是不完全变态的昆虫，是不知道像蝶、蜂、蝇、甲虫那样行完全变态的幼稚昆虫。那时动物的行动，绝不是温和的，为繁衍子孙的热情所动，什么都做牺牲，终于连自己的丈夫和同胞都要吃，而这螳螂就继承了古代遗下来的残酷的恋爱行为。

若照昆虫生理学来解释，那么雌的这种行动，完全是从摄食本能而来的捕食反射运动。这时她并不曾意识到对方是自己同类中的雄虫，你若拿一个雌螳螂的头靠近她，她也同样地咬。即使像蚱蜢、蝗虫、蜻蜓等非其族类的虫，也同样地吃。说不到什么残忍不残忍。

六　头被咬下还继续交尾

雄螳螂紧紧地抱住了雌的，专心一意在完成它神圣的任务时，这不幸者，失去了头，失去了颈，终究失去了身躯。可是只教后胸节还剩着，这无头的爱人，依旧紧抱着继续交尾。

胸部是长着脚的，若失去了脚，便不能把腹部保持在适于交尾的位置，所以只需第三对脚的后胸节和这节的神经节还留着，仍能交尾，仍能使雌的受精。有些人竟这样想：螳螂交尾行动的中枢，也许就是这节神经球吧！这暂且搁着，讲下去会明白。

那么雄螳螂究竟有什么特别构造，头被咬下还能继续交尾呢？我们还需撇开臆说，根据实验来研究一下。

不单是螳螂，一切的昆虫，若使它感到苦闷时，例如将头捻转或扯下，有环节的腹部，便向左右乱摆，雀蜂、蜜蜂等，即使割下了头，还伸着腹部，频频将有毒的螯剑乱刺，好像要螯人，这螯剑便是产卵管变成的。雄螳螂头被咬下，还要起似乎交尾的行动，这也和上面说的昆虫同样，是苦闷的表现，不能看作以交尾为目的的行动。

由这种行动所产生的结果，就是尾端和他物接触。这接触，使雄生殖器起反射的突出。若碰着雌生殖器，便由最适当的反射运动，两性生殖器连接着了。这反射运动的中枢，是在腹部的末端神经节。交尾作用一起，内部生殖器官像射精管等，各个受腹部神经节的指挥，一齐发挥机能。头部的存在与否，原来没有什么关系。

所以，当后胸节也被咬去，拥抱着的脚已落下，光光的肚子，滚了下来时，你若拾起这腹部，适当地将生殖器部和雌的相接，那么仍旧起交尾的反射运动，而互相接合了。

这种行动，除螳螂外，别种昆虫也有的。例如谁都知道的蚕蛾，雄蚕蛾头部被切去了，还能起交尾似的行动。这种行动，因为是腹部神经节的接触反射运动，所以对方倒并不一定要雌蛾。有时，若把人的指头，去碰一碰断头雄蛾的腹侧，腹部也会弯曲，清楚地表示想交尾的行动。即使切去胸部，只留腹部，也仍旧起接触反射运动，和螳螂同样。

像上面所说，接触反射和交尾行动相连接着的，除螳螂和蚕蛾外，还有许多，这里从略了。

七 桑螵蛸

我们在向阳的地方，常见灌木的小枝上，丛草的枯茎间以及石块、木材、碎瓦片上面，有荔枝般大、黄褐色的半椭圆块，黏附在上面。这就是螳螂的卵箱，俗呼桑螵蛸，可以充药用。

这种桑螵蛸，如果到火上去一烧，便放散一种烧丝般的焦臭，实际是和丝相似的物质造成，延长了便成丝。

桑螵蛸呈半椭圆形，一端圆钝，一端尖细，有时还装着一个短短的柄。表面是颇整齐的凸面，还有三条分明的纵带。比较稍稍狭细的中央带，由两行对列的薄片构成，恰像屋瓦般重叠着。这薄片的一端，非常活动，有成平行的两行半开的裂口，孵化的幼虫，可以从这里出来，所以有人叫作"脱出带"。

桑螵蛸

此外便是多数家族的摇篮，有不能逃越的壁障隔着。在侧面的两条带，几乎占了半椭圆的大部分。上面有多数细横条，是藏着卵块的各房的标识。

把桑螵蛸横切断来看，卵集成了非常坚硬的长粒，侧面是恰像凝固的泡沫般的厚壳遮盖着，上面有弯弯曲曲的薄板，绵密地塞着。

卵的头部向着脱出带集成弧形的层。分娩时候，卵子大概是从长粒的延长部，相合的两薄片间的空隙滑下去的。这样狭隘的地方，那么，幼虫怎样出来呢？不慌，立刻能从奇妙的装置中寻得通路吧！终究达到了中央带，那边，在鳞状甲下，为了各层卵，开着两行出口。一半幼虫从左出口，一半从右出口出去。

不看到实物，原是有点难懂。把这桑螵蛸的细部，大略说来是。枣核形的卵块（即是长粒），一层一层排列在巢轴上，外面用凝固的泡沫般的保护壳盖住，上方中央的一线构造上又特别些，用小小的薄片并列着，这薄片的活动的末端，在外部造成脱出带。所以，中央线是有两行鳞形的出口和一条狭沟。

桑螵蛸的形态，又因螳螂的种类而略有不同，像普通螳螂产的，下垂似的附着在树枝上，外壳极硬，现灰褐色。大螳螂产的，不十分大，多附在树皮或竹枝上成稍稍不正的圆形，实质柔软，恰像海绵。大肚螳螂是产在树木的枝干上，稍呈椭圆形，褐色，中央有一条灰白色的纵线，质很坚硬。小螳螂多产在草根墙脚，和普通螳螂的很相像，只略略小些。

卵在六月里孵化，一枚桑螵蛸，有一百以上幼虫从里面出来。

八 产卵

螳螂卵箱的构造既是这样复杂，那么再将它创造的经过来研究一下，总也不是徒劳的吧！

造卵箱的大部分材料，是从尾端许多圆筒形的管中出来的。这些管分成两大群，每群有二十多条，里面充满着无色的黏稠的流动体。

当黏液断续地分泌时，下腹部末端的两个横张着的阔瓣，便不断地、迅速地搅拌搔抓，使黏液一流出就变成泡沫。这和我们敲打蛋白，使生泡沫的情形一样。泡沫中自然大部分是空气，但这些并不是螳螂排出的，因为体积要比螳螂肚子的容积更大。

这泡沫是灰色略带白色，稍有黏性，和肥皂泡很相像。当它刚才分泌时，用麦葶去碰，容易黏着，过两分钟光景，就凝固，不会黏在麦葶上了，再过一会儿，就十分坚硬。

尾端一面将两瓣迅速地一开一闭，一面又像钟摆似的左右摆动。由这种摆动，内部造成了卵室，外部显现了横纹。尾端每摆到急激的弧点时，便更向泡沫中一沉，好像把什么东西埋进去似的，这不用疑，是在放卵。

新造成的卵箱上的脱出带，洁白无光，用石灰质般而有细气孔的物质涂着，和灰白色的别部分，恰是一个很好的对照。这白漆易碎难落。若把它搔去，便能清楚地看出。脱出带上有两行尖端活动的薄片。这些薄片，常因风吹雨打，一片一片，一块一块落下，所以旧的巢箱上，连痕迹都没有。

那么两列的薄片、沟及被它们遮盖着的出口，究竟是怎样造成的呢？这连大昆虫学家法布尔都无法推想，只好暂搁一边，让诸位亲自去观察。

真是奇妙的机械啊！要把中心粒的角质，保护用的泡沫，中央线上的白漆、卵、受胎液等，整齐而迅速地排出，同时，造成重重叠叠的薄板、鳞形地排列着的壳、内部交错的沟。连我们人类也要茫然无从着手吧！但螳螂从不回头看一看后方的建筑物，也不用脚帮助一下，只凭着尾端做去。这与其说是奇妙的本能的工作，倒不如说是有规定的工具和组织的纯粹机械的工程，来得确切。

天牛

一 种类

天牛头上长着两只长长的触角，和水牛相似，所以得了这样一个名字。因它能摩擦头部和前胸，发出"叽咯叽咯"的锯木声，所以通俗又叫锯树郎。日本叫它毛切，因为它能咬断头发。种类极多，全世界共有五千多种。现在把我国常见的几种，介绍一下：

桑天牛

桑天牛（Apriona rugicollis Chernolat）体长三十六至四十二毫米。全身现灰白色，稍带青或绿，密生黄色的短毛。触角比身子更长，白色，但柄节、梗节及各节的末端，都呈黑色。前胸节的背面，有突起的横纹，两侧面有锐利的齿。鞘翅的基部，有许多小黑点散布着。幼虫寄生在桑、橘、无花果等树的干里。

山天牛（Mallambyx radedei Blessig）体长四十五至五十七

毫米，是比较大型的种类。全身黑褐色，有
淡黄色的短毛。头向前面突出，触角也颇粗
大。前胸背部，略成圆形，有横向的皱纹。
鞘翅平滑，上有微细的斑点。各腹节的后
缘，现黄褐色。是七八月里出现的普通种。
幼虫寄生在栗等壳斗科植物的材部。

山天牛

锯天牛（Prionus insularis Motschulsky）

锯天牛

体长二十四至四十毫米。体色，除体的下面
和触角现黄褐色外，全是有光泽的黑褐色。
头向前方突出，眼睛很大，触角长，成两锯
齿状，最后三节最长。前胸的两侧，有锯齿
状的突起。鞘翅粗糙，有大的纵沟和皱痕。
脚颇粗，也现黄褐色。幼虫吃榆等枯木。人去碰它时，就摩擦胸
部，发出尖锐的"叽叽"声。这是北方常见的普通种。

白条天牛（Batocera lineolata Chevrolat）
体长和山天牛相近，也是大型种。体现灰色和
暗灰色。触角比体更长，略带暗色。在头部两
侧的一条纹，在前胸背部中央的两条粗纹，两
侧的粗纵纹，棱状部、鞘翅上不规则的斑纹
和各腹节两侧的斑点等，都是白色。前胸的两
侧，有大型的锐棘，鞘翅基部有许多颗粒突

白条天牛

起。幼虫也寄生在壳斗科植物的干内。分布在我国南方。

星天牛（Melanauster chinensis Farster）体长二十四至三十三

毫米，是大型种。体现有光泽的黑色，但下面及脚上，有稍带蓝色的灰白毛密生着。触角比身子更长，各节的基部现带蓝的灰白色。前胸背的中央部，有一个瘤状突起，两侧还有粗大的棘状突起。大型鞘翅的基部，有许多大点刻，翅面不规则地散布着十五六个白点。幼虫蠹入桑、无花果、橘、柳等材部，是一种遍布我国南北的有名害虫。

星天牛

黑天牛（Spondylis buprestoides）体长二十毫米内外，现黑色，背面有光，体下暗色，大腮和前胸形状很大。鞘翅上点刻很多，触角很短。一看好像吉丁虫，所以又有拟吉丁虫这样一种名字。幼虫吃松、柏等朽木。除我国外，西伯利亚、欧洲也都有产生。

黑天牛

此外还有颜色美丽的红天牛（Sternophistes temminckii）、绿天牛（Leontrum viride）、专吃葡萄的葡萄虎天牛（Xylotrechus pyrrhoderus）等，不备述，还有一种能散发芳香的麝香天牛待下面再细说。

二 散发芳香

麝香天牛产在日本的东北地方以及德国。我国有没有这种天牛产生，除等待爱好昆虫的读者证明外，寄身异邦的著者，实在无法悬揣。

这种天牛，全身绿色，前胸部现红色，所以很容易辨认。幼虫常常寄生在柳树干内。因为它能散发一种浓烈而快适的麝香般的香气，所以叫作麝香天牛。

夏天，常见麝香天牛，前方摇着长长的触角，在柳树的枝干，上下走动，但到了雨天和寒冷的时候，它便躲向叶间，或潜居朽木洞中，不大肯出来。它有时吸食锹形虫等替它开掘的甘泉，即从树干内渗出的液汁。有时多数集在一块，追求恋爱。

据兹拉培儿氏所记，德国的北部地方的人，常将这种天牛的香气移到烟草上。方法很简单，先捉几只麝香天牛，同烟草一起放在盒子里，经过了多少时间，估计香气已经吸收着了，便将天牛取出。这麝香腺口在后胸片的后转节的基部。这腺的分泌液，一碰到空气，就化气而散发芳香。

据斯米鲁纳夫氏说，这种挥发液，含有一种紫罗鲁，明明是由从柳木摄取来的古利可柴利清的分解作用而产生的一种副产品。又有一种试验，可以证明他的推理正确。如果用糖液饲养麝香天牛，这麝香腺的原有分泌物，立刻中止，香气也换了另一种。

甲虫，妇女们多是害怕和嫌恶的，何况这种天牛还会叽叽地发声呢！不过因为爱它的香气，多去捉来包在手帕里，或戴着手套玩弄，使手帕、手套都染着香气。

三　幼虫

恋爱生活告终，卵子成熟，雌天牛便咬破树皮，在里面产下一个卵，再将原来的树皮盖上。不久孵化的幼虫，便吃了这韧皮层，再逐渐向木质部吃进去。

幼虫的形态，的确要比成虫奇妙得多。你看！正像一段会爬的肠。它们有三年光景，在树干中度寂寞的黑暗生活，所以我们在秋季劈开柳、栗等树根来看，常能遇到老、幼两种，老的同指头这般粗，幼的比铅笔杆还细，有时还能看到多少带颜色的蛹和肚子饱胀

桑天牛的生活史
1.成虫；2.卵；3.幼虫

等着天暖就要出来的成虫。这长长的三年，是将木屑作为粮食开

辟道路而消磨的。它用木匠的圆凿般边缘锋利、中央低洼、黑色的、短而结实的大腮，从正对面开过隧道去，一面把落下来的锯屑碎片，一一吞进嘴里，当通过肠胃的时候，榨出仅有的一些养分，而堆到尾后。前面一段一段进去时，尾后便一段一段地塞住。凡是在树里求食宿而开孔的虫类，都是这样做的。

天牛的幼虫，当运用两把圆凿时，常将全部筋力，集中在身体的前部，所以头胸肥大，腹部细长，变成棒槌形了。它口边有颇坚牢的漆黑色的角质，将圆凿坚固地束定。可是，除工具和头盖外，它的皮肤真同缎子一样细滑，而带着象牙似的白色。看了它胖胖的身躯，谁也想不到，所吃的竟是些缺乏滋养的木屑。实际，它除日夜不歇地咬啮之外，什么工作都不做，但通过肠胃的木屑的量，也颇可观，所以积少成多，养分不会感到缺少的。

肢由腿、胫、跗三部分连接而成。起初是粒状，最后成针状，这些都是退化后留着的痕迹，不能做步行用的。

腹部的前七环节，上下两面，各有细的突起。这些可随幼虫的意思，或胀而突出，或窄而收缩，叫作步带。再仔细说来，当前进时，前部的步带一缩，同时后部的步带便胀突。于是后部贴在狭窄的隧道壁上，将全身支住，前部因步带收缩而减小直径，可以向前滑去，完成了半步，但后部也不能不前进。因此，前部的步带又膨胀而支定，同时后部的步带收缩，留出空隙，让环节收缩而前进。天牛的幼虫，就是用腹背两行突起，一胀一缩，在塞得满满的回廊中，轻便地或进或退。

天牛虽有好好的一对眼睛，但幼虫时代，影迹全无，因为在漆黑的厚厚的树干中，还要用什么眼呢！听觉也没有，深深的树层中，是永远的静寂。难道没有声响的地方，还需要听的能力吗？这可以做一种试验，将这幼虫的家纵剖开，变成可以看它行动的半管，静静地放着。它或是咬啮碰到的回廊，或是将步带上的锚，投在沟的两侧而休息。当它休息时，我们就是敲打铜锣，或用锉"叽哩叽哩"磨锯子，它毫不发生反应，连皮肤都不皱一皱，就是你拿了钉头，在它的回廊旁，沙沙地搔抓，也仍泰然自若。

它有嗅觉吗？一切都是否定的回答。嗅觉原是帮助搜索食物用的，可是天牛的幼虫不需出去求食物，它的住宅就是食料，当然不用再有嗅觉了。而且在长长的三年间，只吃一种食料，它的味觉，只能辨别木屑的滋味。

不能不再考察一下的，就是它的触觉。在刺针之下，它能和一切生物同样地发生苦痛的颤抖。所以，在幼虫状态中的天牛的感觉，只有幼稚的味觉和触觉。

天牛的幼虫在感觉器官方面，是这样低劣贫弱，但在先见方面，真叫我们惊叹。它知道未来的成虫，没有在坚硬的木质中开辟道路的能力，所以会冒危险，赌生命来替它准备好。它又知道天牛穿着硬硬的铠甲，不会掉头而走出门去，所以它特意头向着门口，化蛹而入睡。它又知道蛹的肉是十分柔软，所以在房间里张起了细纱帐，它又知道在慢慢进行的变态中，难保没有恶汉闯入，在门口更制造了一个石灰质的楣。它不但清楚地看到未来，而且适应地准备了。

四 精美的化蛹房

　　天牛的幼虫在树干中，一会儿升，一会儿降，一会儿向这边弯，一会儿向那方绕，吃了一层又一层，这里有走不尽的路，吃不完的粮，既没有天灾，更没有敌人，如果世间上真有所谓"洞天福地"，那么只有它才在实际享受。可是，三年虽长，不能不离去乐土，投入生存竞争场中的时候，终究到临。

　　未来的天牛从干中孵化，两角高翘的天牛，是否带着同样的工具？能够开辟出来的道路吗？这是可以实验的，将一段栗木，对劈为两，里面雕成几个洞，再把化成蛹的天牛，一只一只放进这人工的独身房（这种天牛蛹，在十月里，是很容易在树根头找到的）。两片照旧合着，用铁丝牢牢缚定。光阴如箭，腊尽春回，一忽儿已是六月了。这时，树段里便沙沙发声，好像天牛要向外出来似的，可是一只也不见出来。过一会儿声音也没有，解开来一看，这些囚徒，全部死亡。洞里留下还不到一撮鼻烟似的锯屑，它们的工作，仅此而已。

　　那么，天牛不好沿着幼虫开辟的坑道而出来吗？这更是万万不可能。一则，这是很长，很曲折，而且剥蚀下来的东西，坚固地塞着；二则，拿这坑道的直径来讲，从终点回到开发点，不是逐渐小下去吗？幼虫走进木中时，正同一根细细的草藁，这时已经同指头这般粗了。三年之内,它是不绝地以身体作为模型而开掘坑道的。所以以前幼虫走的坑道,现在天牛不能用作出来的路。何况它有张开的触角、长长的脚、坚硬的甲铠,在这条狭隘而蜿蜒的回廊中,除拂去填塞的剥蚀物外,还该扩大一些,这终究是无法战胜的困难。所以,天牛的状貌,不论怎样强壮,没有自己出树干的本能。开辟道路的责任,又落在幼虫身上,又落到一截肠的身上了。

那长吻蝇的幼虫,能够用穿孔器替孱弱的蝇,预先钻通凝灰岩,天牛的幼虫也负着同样的责任。天牛的幼虫,好像由一种我们无法测知的神秘的预感所催促,离去了平和的幽居、难攻的堡寨,向着有可怕的外敌等着的外部进行。它拼着生命,执拗地钻而又钻,啮而又啮,一直摸索到皮下,而且将皮层啮得差不多没有厚度,同透明的窗帷一般。有时,这大胆的虫,简直开一个大窗。这就是天牛的出口。

刚开好了救命窗的幼虫,又稍稍向回廊中倒退,在廊旁开辟一间化蛹房。这里面,有我们不曾看到过的豪奢家具和坚牢门户。这房的式样,像压扁的椭圆体,颇广阔,长约八十到一百毫米,横断面上的纵横两轴,各个不同,水平轴是二十五乃至三十毫米,垂直轴只十五毫米。这样宽阔的房间,那成虫当要打开门户时,肢体也可舒展一下。

说到这化蛹室的门,这幼虫为防御外面的危险而造的关,普通是里外两重。外侧是木屑堆,内侧只一片矿物质注盖,色同白垩。有时除这两重之外,里面再加一层木屑。房的内壁是细细地刻削过的，木质纤维丝丝分解，变成天鹅绒一般了。

出外的路开好，独身房里已铺满了天鹅绒，三重门也塞定，勤奋的幼虫，已把一切工作都做毕了。它丢弃了装在身上的种种工具，脱壳，化成屡弱的蛹而躲在襁褓里，睡在床褥上。它身子很柔软，在狭窄的房间里，也可以掉头，但到了未来的天牛，那是不能了！它穿上角质的铠，全身硬绷绷不能骨碌骨碌打滚，而且，通路若略略曲折一下，它连稍稍将身子弯一弯都不成功。所以，如不愿在箱中闷死，蛹一定要头对着门睡觉，蛹若偶然疏忽一点，头向着里面睡，那么摇篮将变成无法出来的地狱，天牛到底不免一死。

春季告终，由蛹羽化的天牛，企慕着太阳和光明，决意外出了！横在它面前的是什么？木屑的堆，这些只需搔爬几下，立刻飞散了。此后是石盖，这并没有弄碎的必要，将额顶几顶，用爪搔几搔，就落下了。事实上，我们常常看到，毫无伤痕的整个盖，丢弃在房门口。最后还有一座木屑山。这也和以前同样，很轻易地搔散了。此后便踏上甬道，向大门走去。布在大门口的窗帏真是一啮便破，非常容易。于是，它舞着长长的触角，在光天化日之下迈步了。

五 一个小小的化学实验

我们若将化蛹房门口的矿物盖仔细一看，要不知不觉地惊叫起来。这是色若白垩，坚同石灰石，内面光滑，外面有小突起的长椭圆形的球帽，粉浆似的材料，一口一口吐出来，无法修补的外侧，就成许多突起而凝固，内面再加打磨，使变得十分光滑。那么这盖究竟是什么物质构成的呢？它好像石灰石的薄片，虽脆而坚。放入硫酸中，即使不加热，它也溶解而放气泡。溶解很缓慢，小小的一片，也要费几小时。除带黄色的黏黏的物质外，全部溶尽。假如加热，便现黑色，这就是有机质的黏着物，将矿物加上接合剂而炼合的证据。溶液中若加硫酸盐，便浑浊而生许多白色沉淀物。从这种现象看来，知道盖是碳酸石灰和使石灰质的粉浆坚实用的某种有机质（大概是蛋白质）结合而成的。

那么，石灰质的产生究竟存在这虫的哪部器官呢？据我所确信，供给石灰的是胃和乳糜室。无论分泌出来就成石灰质或是从硫酸盐转化而成，都和食物隔离藏着。它从一切食物中吸收这种物质，一直贮蓄到要吐出的时候。

蚤

一 种类

这样小小的蚤要分别种类，似乎是一件困难的事。其实，栉齿棘（Ctenidia）的构造，各种不同，可以据此大致区分。栉齿棘是栉齿般排着的黑褐色的棘，因种类不同，生着处也各异，有的生在第一胸节的后缘，有的是在头部的腹面，有的只生在第一胸节上，还有几种，竟全身找不到什么栉齿棘。

蚤的种类约有五百，其中和人类生活有密切关系的，是人蚤、猫蚤、鼠蚤、犬蚤等。简单说明如下。

人蚤（Pulex irritans）是分布全世界，身躯最大的蚤。体赤褐色，没有栉齿棘，后腿的筋力很强，一跳有二三分米高。这种蚤虽寄生人体，但猪身上也颇多，有些学者竟主张："倒还是称为猪蚤适当。"猫、狗身上也有看到，冬季尤其多。

鼠蚤中最著名的是印度鼠蚤（Xenopsylla cheopis Rothchild）。它们寄生在全世界热带海港的鼠身上，跟了鼠趁着海船，到停泊处上岸，在传播鼠疫上，要算一个主要角色。近年为了预防鼠疫，有些港口设法断绝陆地和船舶间的鼠的交通。这种蚤和人蚤很相像，也是肥大而无栉状棘，不过有第二胸节特别狭些，口器少一部分，头部后缘列生刚毛，中胸侧板是纵裂为二等不同点。

此外还有亚细亚鼠蚤（Ceratophyllus anisvs Rothchild），大都分布在我国南部，欧罗巴鼠蚤（Ceratophyllus fasciatus Bose）分布欧美两洲，鼠盲蚤（Cetenopsylla musculi Duges）眼睛很小，而且没有色素，看去像无目的盲子，分布全世界，寄生的宿主只以鼠为限，即在找不到宿主，而饿得发慌的时候，也不会跳上人身来吸一口血的。

犬蚤（Ceralopsyllus canis Curtis）形状和人蚤相像，不过雌的头部尖些，而且第一排栉状棘，只第二排的一半这么长。跳跃力没有人蚤这么强。原产地欧洲，现在已分布全世界。猫蚤（Ctenocephlus felis Bouche）的形态和习性，都和犬蚤相像，有些学者竟认为是变种，而不把它们分作两种。但毕竟也有一点小小的差别，就是雌蚤的头部，犬蚤是长度不到高度的两倍，而猫蚤却有两倍。雄蚤的生殖器方面，也有差别。分布区域是热带和温带，所以我国南部，常能看到。宿主的范围颇广，猫犬相互间不必说，人类、几种野兽，有时还会移到鼠身上去。

鸟蚤

鸟蚤（Ceratopsyllus gallinae）体现赤褐色，而且长阔相等，稍成圆形。复眼的前面有一根刚毛，后胸侧片上有六根刚毛，但没有栉齿棘。常常钻进鸡冠的皮下，使它生一个瘤。原产美国，现在已分布全世界。除鸟类外，有时也有寄生于人类、犬、猫、马等的。

像上面所说：各种蚤的宿主并不限定某一种动物，时常向别种迁移的，那么在人类、鼠、猫、犬间，各蚤的迁移状况怎样呢？日本小泉丹氏，将观察结果，列成一表，现在就抄在下面：

	人	鼠	猫	鼹鼠
人蚤	569	0	5	0
印度鼠蚤	1	255	18	239
亚细亚鼠蚤	2	153	6	18
鼠盲蚤	0	135	0	7
犬蚤	6	8	663	1

表中的鼹鼠，本来不是蚤的寄主，为了试验起见，把它放在室内一昼夜，看集到身上来的哪种蚤最多。照这表中数字所表示，印度鼠蚤的迁移性最大。

二 发育和寿命

蚤的卵近乎圆形，比较的要算巨大，直径约半毫米，内眼看得很清楚，白色而有光泽。雌的常产卵在宿主的身上，再落在地

面或卧处，因为卵相当坚硬，
表面干燥，不会附着在别种东
西上面。但也有几种蚤，自己跳
到地面去产卵的。产卵的数目，
因种类、营养状况及其他种
种原因而各异。每天产卵数很
少，只三枚到十八枚，但产卵的

蚤的生活史

1.幼虫；2.蛹；3.成虫

时间，一直延长到几星期，所以总计起来，数目也颇大，人蚤有
四百八十几枚的记载。

孵化所要的时间，也随了种类和环境而长短不同。快的两
天，迟的要到两星期之后。气温影响于孵化速度的试验结果如
下，三十五度到三十七度，发育受害或中止；十七度到二十二度
间要七日到九日；十一度到十五度间要十四日。

幼虫有十三体节，长约六毫米，现黄白色，无脚无眼，生着
许多毛。举动倒很活泼，生活在有动植物质混着的尘埃中。食量
并不大，凡动物的排泄物、血液、已发芽的谷类等，都可作它们
的粮食。幼虫时间的长短，因温度、湿度和食粮的供给情形，而
相差很大。若一切都适顺的话，那么普通是一星期到三星期，否
则有延长二十星期的。这期间经过两回蜕皮，变成了蛹。

不论哪种蚤幼虫都要做茧而化蛹的。蛹圆形，丝质的茧壳
外面，常有尘埃、泥沙等附着，所以不大看得清楚。蛹的时间也
有长短，通常是一星期左右，有时竟到一年或一年以上的。气候
愈冷，蛹的时期便愈要延长。

成虫倒和幼虫相反，喜欢湿润和寒冷。若把它们放在干燥的环境，不给温血动物的血液吃，那么大多数在六天之内就死了。在适当的环境，寿命也颇长。在湿润的冷处，人蚤可活到一百二十五天，欧罗巴鼠蚤九十五天，犬蚤五十八天，印度鼠蚤三十八天，而且若再每天给它吃血，那么人蚤有五百一十三天，欧罗巴鼠蚤有一百零六天，犬蚤有二百三十四天，印度鼠蚤有一百天。

三　口器

蚤的口器构造，是下唇（由第二小腮愈合而成的部分）很短，它的尖端有一对下唇须，左右很接近，而内方都有沟，恰恰形成吻鞘。左右吻鞘中间有三根针状片，就是一根上咽头唇和一对大腮。第一小腮变成左右两侧成大三角形的一块小腮片和一根小腮须。这小腮须生在头部先端，粗粗一看，好像触角，但触角另外有一对成棍棒状，附在眼后。

蚤吸血的时候，用一根上咽头唇和一对大腮，在皮肤上穿孔，但这三根针状片，又相合而成吸收管。上咽头唇的尖端附近有钩状齿，大腮的外面也有三四排很发达的钩状齿，这些都是钻孔用的构造。当下唇须吸血的时候，分向左右屈着，不入皮肤，三角形小腮片，对于吸收管的插进拉出，似乎有点帮助。

蚤能够将血液吸入吸收管中的理由和蚊同样，不过蚤不论雌雄，都能吸血，所以两性间的口器几乎没有什么分别。

照上面说来，好像蚤的口器并没有什么奇妙的地方，但你若拿到显微镜下一看，不能不惊叹构造的微妙。唯有这种构造，这般装置，它们才能顺利地吸血，所以生物学者，加以说明，这等构造装置，是为了适应吸血的习性而发达起来的，这也许是对的。那么它的发达是经过怎么的过程呢？这种变化是徐徐进行的呢，还是突然而起的呢？惊叹又渐渐变成怀疑了。

四　蚤和百斯笃

百斯笃（Pest）又叫黑死病，也有人叫作鼠疫。在古代也有过好几次大流行，最著名而又最悲惨的一次是欧洲中世纪将终，十一世纪中叶，在美索不达米亚地方开始的。后来十二世纪、十三世纪十字军东征归去，就带到欧洲，遍地蔓延。十四世纪达到最严重，一直延到十七世纪终了，一共延续了七百年。这时，罹疫死的人，约有二千五百万，已占当时总人口的四分之一。前清光绪末年，我国辽宁省一带也曾发生过严重的百斯笃。

原来百斯笃有三种，腺百斯笃、百斯笃败血症和肺百斯笃。肺百斯笃就是百斯笃肺炎，由咳嗽散布病菌，所以病人陆续发生，流行最猛烈。不过我国和印度地方，肺百斯笃很少，大多数（几乎全部）是腺百斯笃和败血百斯笃。这两种病，都是由鼠间接地传给人们，所以这地方的鼠类间，如果有百斯笃流行，不久，居民间就有病人发生。至于从鼠传到人们的经路，从来以为是由手足上的皮肤破损处侵入，有几处地方简直发布禁止跣足令。担任传播病菌责任的，其实是蚤。

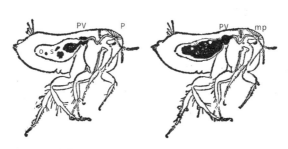

百斯笃菌（黑色部分）在蚤胃中增殖的状态

s.胃；pv.前胃；mp.附在咽头的筋肉

研究百斯笃菌和蚤的关系，是从1900年左右开始的。1898年西门（Simond）氏最先认定百斯笃菌是在蚤的胃中繁殖的。1905年，多数研究者，尤其是在印度的百斯笃研究委员会中的人们，确认在鼠类间传播病疫的是蚤，而且断定把病菌再传给人们的，也同样是蚤。此后二十多年，在各地调查研究的结果，使这种主张更加确实。

百斯笃菌若被别种吸血虫所吸，便在消化管内僵化了。如果是蚤的话，就在那边繁殖，而且连到蚤粪中，都可找出许多保有毒力，能够作为感染源的百斯笃菌。

要证明百斯笃菌是由蚤类传播，还有一个很好的试验。我们捉一只鼹鼠，关在篮子里，去挂在病房中，离开地面约三分米，使蚤能够跳到。那么不久这鼹鼠也染百斯笃了。这时离开地面有三分米距离，百斯笃菌不生翅膀，不会飞上去，而且篮子盖着，害病的鼠也无法进去。说是由蚤跳上去传播的，恐怕谁也不会反对吧！传播力的大小，又因蚤在宿主间的迁移性而定。所以上面说过的迁移性最大的印度鼠蚤，最被人们注意。

现在我们再把蚤传播百斯笃菌的途径，来研究一下。有些人也许要这样想，莫非也和蚊子传播疟疾一样，将在唾腺中等候的菌，注入人体？其实完全错误。印度的研究委员会，认定不是在被螫咬时感染的，而粪便中的菌才是感染根源。因为蚤有一面吸血，一面在宿主身上撒粪的习性。粪便黏在宿主身上，不会落下，而且像上面说过含着有毒的许多病菌，于是，这些病菌就从皮肤的毛孔中浸入。

难道蚤吸血时候，消化管里的液体，不会倒流注入人体中吗？难道在消化管内繁殖的病菌不会跟了这些液体，一同侵入吗？研究者们怀疑了，于是再埋头试验。1914年英国的培各脱（Bacot）和马尔汀（Martin）氏，对这问题，给予正确的解答。就是百斯笃菌，在蚤的消化管内，繁殖异常迅速，结成凉粉似的块状，几乎将整个胃塞住。于是这蚤益发感到渴燥，拼命地向人、鼠螫刺。可是胃被塞定，吸入的血液，不能进去，反而倒流从螫口注入人体内。这些逆流的血液，曾和前胃的百斯笃菌的凝块相接触过，所以有多数百斯笃菌混在里面。不用说，病就因此传染了。

普通传播百斯笃的，多是印度鼠蚤，但前次在我国辽宁省蔓延的，却是由欧洲鼠蚤，从西伯利亚、外蒙古一带传入。此外有传播百斯笃可能性的蚤，全世界一共二十种，所以即使印度鼠蚤不多的地方，也不能十分大意。

五 驱除法

要驱逐蚤，第一要点，不用说是保持清洁。室内除去蚤的发育场所，扫除尘埃，住室和仓库、堆间、畜舍间，隔断蚤的交通，搜除鼠巢。当发生百斯笃的时候，床脚上设备蚤不能攀登的装置，床普通总离地二尺光景，蚤是跳不上去的。

洋式房屋比较容易处理，地面和地板的缝里，全注入萘（Naphthalene）的溶液，上面再撒布萘的粉末，再把房间关闭一昼夜，那么蚤类和它们的幼虫，全都死灭。要驱除壁角或地板上的蚤，煤油乳剂是最简便的药品。

煤油乳剂的制法虽有种种，现在举一例如下，将肥皂和水，用一比五的比例配合，加热，充分溶解，变成一种碱水。再把四倍或六倍的煤油，慢慢地加入，一面不断地搅拌（不用说，这时仍旧放在火炉上的），于是就制成白色乳状的液体。再把它倾入约十倍的水中，搅匀，便可用了。此外，洋式房屋可以用的，还有熏烟法，这里不再说明。

蚁

一 蚁的社会组织

蚁，在动物分类学上，属于昆虫类的膜翅类，和蜂类相近。现在世界上已经知道的，有五千多种。我们常见的是工蚁，体现赤褐色的赤蚁（Formica rufa）；工蚁头上有大凹陷，全身黑褐有光的黑蚁（Lasius fuliginosus），身长十四毫米左右，雌蚁黑色有光，工蚁赤褐色的大蚁（Camponotus ligni-perdus），和体现黑色，雌蚁长十五毫米，工蚁、雄蚁长十毫米，兵蚁头大，腹缘后节现黄褐色的黑大蚁（Camponotus japonicus）。

在古代，早早有人明白蚁也是营和人类相似的社会生活的。像二千三百年前的亚利士多德已说："蚁是营无支配者的社会生活的。"梭罗门的格言中有这样一节："你们这些懒汉，去看看蚁的生活啊！蚁虽没有王侯、酋长、主人，但夏天耕种，秋天收获。"

蚁也和人类一样，住在一定的国家之内，平时孜孜不倦地做各种工作，遇到外敌侵袭，便舍身卫国。人类用言语传达意思，蚁也用触角作各种暗号，互相关照。

人类社会行种种分工，但蚁有凶猛的掠夺者、杀戮者，也有牧养蚜虫的和平牧人。在人类社会发现的丑恶行为，蚁类社会也并不稀少，像战争、窃盗等，都很流行，而且连畜养奴隶，实行榨取的事情都有。

雌 蚁

　　蚁国和人国，国家形式的根本条件，都以分工的原理作根据的。蚁的社会中，各个体都有适于做某种工作的特殊构造，一定要大家集合起来才能生活，所以能够调和。一国之内，没有斗争，没有党派，也没有革命，更不需特殊的支配阶级。

　　蚁的幼虫和蛆相似，软弱得很，连脚都没有。在未化蛹以前，一切都需母蚁照顾，因此母子之间，已造成一种小范围的共同生活。幼虫长成后，再同样养育第二代的幼虫。最初小小的家族，后来逐渐发展成由一母所出的多数子孙团结而成的国家。一代一代下去，小孩多到无数，若再不分工，母蚁已照顾不了。

工 蚁

　　于是，只一小部分雌蚁照旧生殖，其余大部分，专心养育孩子并做与养育有关的许多事务，不再去闹恋爱和生殖。这样经过无数世代，这些年轻保姆的生殖器，因持续不用而退化。身体也因适应这种特别生活，而发生变化，这就是石女的劳动者（工蚁）。这劳动群的出现，在蚁类社会生活的完成上，有重大的意义。

蚁类社会中，含着形态和工作不同
的女王、雄蚁、工蚁三种分子。像黑大蚁
等，还有头大腮强，专任护巢的兵蚁。工
蚁无翅，我们常见它们在巢房旁奔跑，
或排队而行。它们专从事于巢的建造、修

雄 蚁

缮，孩子的养育，食料的采集、贮藏，巢
的守卫等工作，是蚁类社会的中坚。雄蚁和雌蚁都有翅。雌蚁
有好几只，普通叫它女王，其实它们不会发布什么命令，行使什
么权力，只努力产卵，并在迁移时哺育孩子。雄蚁非常蠢笨，劳
动不用说，连同伴和敌人都分不清楚，除生殖时期外，不出巢
门，真是一种生殖器械。从外形看来，身体雌蚁最大，工蚁
最小，但工蚁的头，要比雄蚁大得多，和雌蚁相差不远。三种
蚁的脑髓发达状态和精神活动，以头部的大小为比例，那是无
庸说的。

二 蚁巢

蜜蜂和胡蜂，能够用蜡和木浆制造六角形的巢房，但蚁巢
的构造，毫无一定，极不整齐，看了地势，应了天时而千变万化
的。造巢的地点，因种类而异，有的在石下，有的在朽木下面，有
的在树皮下面，还有些造在地下。

造地下巢时，蚁用大腮挖掘。掘下的泥块，务必运到远方，免得做巢口的标识，易被敌人找到。巢口，有时开在草地上，有时用泥块塞住。地下有坚固的墙壁、平滑的地面、大大小小的房间、曲曲折折的回廊，有的更依着垂直的隧道，房屋造成好多层（有深达十余尺的）。冬季寒冷，便住在深处，夏天燥热，又迁到上层来。

　　在少石而保温不易的地方，巢口便造起一种稍高的塔，称为蚁塔。是用湿的泥粒和草茎、藁屑等，建造而成，也有用松针堆成的。蚁塔都向东南，受朝日的光，以增加巢内的温度。凡是天气炎热的热带地方，便看不到了。

　　福来尔博士所研究的阿尔香地方的一种蚁巢，有六个巢口，周围都有高高的蚁塔，巢口和巢口的距离，是三米到十米，这些巢口，都有隧道通到地下两米深处。这巢的全面积，有二十到三十平方米。各门口直对下是仓库，这是全巢的仓库。

　　有些蚁造巢于树上。它们在树皮下造一条隧道，再在树皮上穿一孔，作为进出口。像那种大蚁，原在朽木中造巢，但若活树中有空隙，也会去造巢的。我国台湾有一种很小的举尾蚁，在树梢造一个球形的马粪纸似的巢，大的，直径有七八分米，粗粗一看，要错认作胡蜂巢。这巢是啮碎树皮，混入自己分泌的唾液而造成的，巢内往往有暗色、带天鹅绒光泽的菌丝，这是蚁嗜好的食物。南洋还有一种裁缝蚁，用孩子吐出来的丝，缝合叶片造巢的。

三 蚁的感觉

蚁类不仅能建造复杂的房屋，组织完密的社会，还能畜养蚁牛、培植菌类、播种谷物、役使奴隶，有不许别的昆虫追及的智慧。现在且先把它们各种感觉器官的能力，来调查一下，且看究竟发达到怎样地步。

蚁终究有没有痛觉，的确还是一个疑问，即使有的，也很微弱。因为它们截去了腹部，还有舐食蜜汁的食欲。它们终究有听觉吗？各昆虫学者正在研究。蚁的听觉，存在何处？现在还未明白。

嗅觉的发达，这是已由种种实验证明。蚁凭了嗅觉，能够辨出物质的形态、硬度、高低、方向，有我们想不到的一种辨认力。我们是用两只眼睛看的，所以竟不会想到，除眼睛之外，还有许多看法。蚁看物时，除视觉外，触觉、嗅觉也一定有帮助。

蚁的眼睛，也和蜻蜓一样，是由几千小眼集成的。不过雌蚁和雄蚁的小眼数，要比工蚁多些，因为空中结婚时，眼睛是发现异性的重要器官。

触角，不论哪种昆虫，都是很重要的，在蚁尤其有特殊的用处。当两只蚁要传达意思时，就全靠这一对触角。据福来尔博士所记，蚁在触角的打法中，有八种信号：一是传遍全体时的信号，这是从甲到乙这样传过去的；二是获得甘露时的信号；三是指示进路方向时的信号；四是指示食物所在时的信号；五是攻击或遁逃时的信号；六是通告某一地带发生危险时的信号；七是镇抚骚扰时的信号；八是出征时的信号。

现在已有各种扩声机发明，若拿去研究蚁的触角打法，也许能发现种种有趣而特别的音。用这种扩声机听我们心脏的鼓动，宛同雷鸣，那么蚁的触角相击，也许能听出有各种不同的音调。这种研究，谁也不曾计划过。不过研究时该用产在热带的大蚁。

蚁怎样定方向呢？关于这个问题，曾进行过种种试验。现在已确实知道，它们进路的方向，是由太阳的位置指导的，而且好像月光、星光，也用作定方向的。我们试把蚁的队伍搅扰一下，纷乱了一回，立刻又恢复原状。它们的队伍，有时长到半里光景。

蚁的社会里还有一种游戏，它们若有某种愉快的事情，便做一种信号，互相用触角巧妙地拂拭。它们有时也贪着午睡，这时若有什么事情发生，同伴便用触角敲打，催它起来。

蚁是一种有洁癖的昆虫。巢内若有虫粪、食物的残屑，就赶快丢到巢外，它们常常留意着，不要使触角沾染尘埃。它们用掌（跗节）和腕（胫节），摩擦面部，仔细地拂拭触角，揩净口器，还怕惹同居者的厌恶，更把身体从上到下，揩拭清洁，凡是嘴和脚碰不到的地方，就互相擦几擦。我们常在蚁巢附近，看它们这样细细化妆。

四 空中结婚

　　"她必定向没有小鸟打搅的地方飞翔。她再向高飞,于是,从下面追上来的雄群,稀薄了,零落了。弱者、残废者、老者、发育不完全者、营养不良者等,绝望了,在空中消失了。在云霞般无限数中剩下来的,只精力绝伦的小群。她再奋最后的余力,看吧!以不可思议力而当选的,追着她,捉住她,征服她了。他们用二重翅力支持着,抱合了向上飞翔,在相对的恋的狂热中,盘旋乱舞。"

　　这是有名的诗人梅特灵克描写蚁类空中结婚的美文,词句优美,情景逼真,所以就借来做这节的引子。

　　当"南风吹、大麦黄"的初夏时节,蚁巢中便有许多生着翅膀的蚁孵化出来了。这些翅蚁,就是雌蚁和雄蚁。都比工蚁要大得多,而且有翅,所以一看就能辨别的。雌蚁的头部和腹部,比雄蚁大,也容易区别。刚羽化的翅蚁,翅膀和身子都很软弱,要慢慢地硬起来的。

　　晴朗的午后,广大的蚁塔顶上,或巢旁隙地,有刚才从蛹壳脱出的翅蚁,欣欣地挤轧着。从狭窄的户口,窥望艳丽的阳光,你挤我推,终于挤了出来,在塔上户边散步,有的半张着薄绫似的翅,东奔西跑。做保姆的工蚁,弄得手忙足乱,追赶这般顽皮孩子，捉住脚和触角，拖向巢中。一天复一天，到外面来的散步青年，也渐渐多起来，做保姆的更加觉得号令不行了。

蒸热的夏天午后，青年雌雄蚁的恋情已达到顶点，突然有千百成群的翅蚁，从巢口涌出来。集成黑簇簇的一堆，遮住了巢，遮住了附近，拍着银光的美翅，向树枝、草茎飞去。这时节，保姆真是焦急万分，东奔西跑，但要使这等因恋爱而发狂的青年们再归平静，已不可能了。

不久，这些青年们向广大无边的天空礼堂飞上去，再在空中集合，作恋爱的乱舞。婚礼是凡住在这一带地方的雌雄蚁，全体参加，所以在乱舞中的蚁群，真同云霞一般。

空中礼堂，充满了热爱和欢喜，全没有地上的憎恶、敌意。即使在地上是仇敌，这时也同祝一生一度的盛典。

雌蚁在这一天中，和多数雄蚁相交，受得终生不会感缺乏的多量精子。雌蚁的腹部有一个精子囊，专藏爱人们的精子，直到几年都不坏。雌蚁，可以随时照自己的意思，产生受精卵和不受精卵。

蚁的空中结婚，实在多少有一点优生的意味，因为这时可和别团体的强健的蚁结婚，而产生生物进化上必要的杂种。就进化程度讲，蚁的确立在虫界的顶点，也许就是空中结婚的缘故。

五　育儿

空中结婚完毕，又降到下界。新郎雄蚁，凄清地在地上彷徨，再过两三小时，至多两三天，便死去了。

新娘雌蚁，潜入地中或树皮下，造一间小小的房子，和外界断绝一切交涉，开始过它的隐遁生活。不过这隐遁生活，不是厌世，不是逃罪，是为了养育孩子。从卵孵化的幼虫到变成虫，要一两个月。这时间，做母亲的雌蚁，绝不外出，也不采集食物，专心保护养育孩子，没有片刻休息。

那么这一两个月的长时期，雌蚁即使绝食，养幼虫的食物又怎样办呢? 雌蚁曾在空中飞过的大翅，这时已成无用废物，就将它摆落，这上面有鼓翅用的大筋肉。可怜的母亲，是消费这筋肉和预先贮藏着的脂肪等，以保全自己的生命和养育孩子。

这样长成的蚁，都是工蚁，而且因为营养不良，身体瘦小。这工蚁立刻在小房间的墙壁上穿一个洞，到外面去运饵养亲。此后，有的走到母蚁身边，将食料喂它; 有的建造新屋，扩张巢穴。于是，母蚁恢复健康，精神振作，专门产卵了。产下的卵，工蚁立刻搬到新房间里去，一心保育，就是此后所生的幼虫，要由做兄姊的蚁们养育了。

在红日初升的早晨，将卵、幼虫、蛹搬到近地面的房间，傍晚又搬到下层房间去。降雨时，也搬到下层，以避水患。若突然将盖着的石片、朽木拿去，工蚁就大起恐慌，丢下一切，衔了卵、幼虫、蛹去求安全地带。可见它们兄弟姊妹间的爱情，并不低于母性爱。

六　搬家

当蚁巢被顽皮孩子掘穿，或有霉类侵入，或造在树干上的巢，为啄木鸟所袭时，蚁们就另求安全地点而开始搬家了。

夏日在田园中散步时，常有蚁的队伍看到。这种蚁队，大概可分两类，一类是搬运食料回去，另一类是搬家。而搬家时，必定衔着白色的小卵、幼虫、蛹，所以很容易辨别的。

将要搬家时，工蚁先分头在附近奔跑，找寻适于居住的场所。找到后，立刻回去，着手搬运幼虫和蛹等。同伴若不知道新住所在那里时，由发现者领导了去。它们的领导法很有趣，就是衔了去。我们常常看到，领导者用自己的大腮，咬住了被领者的大腮，倒退一拖，被领者就翘着腹部，倒挂在领导者的体下。于是，它就衔着，一路向新住所跑去。有几种蚁，搬法恰恰相反，领导者咬住同伴的背脊，同老猫搬小猫一样。

这样被衔来的工蚁们，先将这住所察看一遍，赶忙依着刚才来路，一直线地跑回旧巢，搬运幼虫和蛹，或再引导同伴。

工蚁们将新住所准备完成后，要领导女王和雄蚁到这里来。但它们的身体，要比工蚁重几倍，总不能咬住了运。因此，工蚁咬住了女王等的大腮、触角、脚等。一面倒拖，一面使它认识新住所的方向。女王们是这样被引导着而到新住所的。

搬家要两三小时乃至一昼夜，方才完毕。这时，全家协力，有的搬运，有的开掘新隧道，而并无什么争执和不平，真是全体一致总动员。

七　武器

谁都知道蚁是好斗的昆虫。它们常常为了蚜虫的甘露、昆虫的尸首，或是地盘，而拼命争斗，所以身上都带着战斗用的各种武器，但也因种类不同，而有各种形式。

一、脚　蚁脚的敏捷，出乎想象之外。有时其运脚若飞。我们到新加坡、爪哇等地方去旅行，见了那些蚁的活动情形，真是吃惊。你想去捉在路上走的一只大蚁，它的同伴就箭一般飞来，在手上咬你一口，它的行动，有不让你看清楚这么快速。这等敏活的脚的动作，就是勇敢的行动，攻击的态度的根基。

二、大腮　蚁的第二武器是它的大腮。形状千差万别，有适于运搬用的、穿孔用的、切断用的等。有些不仅能咬，还作威吓用，同时又作跳跃用。还有几种蚁，大腮有长短二枚，短的搬运时用，长的供攻击和防御用。像那种农蚁和大头蚁，大腮的构造不仅适于切断种子和猎物，还可咬住敌人或屠杀敌人。大腮锐利的，适于切断树叶，同时可供切碎敌体用。大腮末端有刺的，适于搬运、造巢、咬住大蚁。像爱克顿蚁（Ecuton）这样大腮弯曲的，与其说因和别种蚁争斗，倒不如说因攻击哺乳动物而发达的。

三、毒刺　蚁有毒刺的也不少。这对于有结缔质体躯的敌人，好像毫无用处，可是，像属于福尔米加（Formica）蚁亚科的，腹部比较柔软。若遇这等蚁时，用毒刺屠杀，毫不费力。总之，不管身体的那一部分，只教毒刺刺得进去，一定能将这敌人杀倒。所以有毒刺的蚁，见了敌人，常常举起尾端，作刺螫的准备。

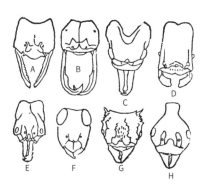

A.米斯利姆；B.爱克顿蚁；

C.恶同笃马克斯蚁；D.农蚁；

E.另一种恶同笃马克斯蚁；

G.割叶蚁；H.有齿大腮

四、毒液　属于福尔米加蚁亚科的，都没有毒刺，只尾端有毒腺。这腺分泌蚁酸，贮藏在贮液囊里。我们发掘蚁巢，有时臭气扑鼻，这就是蚁酸的缘故。这种蚁酸毒得很，若涂上蚁身，不论分量如何，立刻倒毙。像那种赤蚁，常滥用这毒液，反之大蚁、黑蚁是不大用的。

有一种大蚁能举起后肢，对着在某距离内的敌人，正确地发射毒液。香蚁（Monais）和二节蚁中，毒腺多退化，另有一种肛门腺很发达，从这腺分泌出来的液汁，有一种香气，而且不久便像树脂般凝固着。将这液涂在敌人的触角上，能破坏它的嗅觉机能，仿佛我们放流泪瓦斯，妨害敌人视觉。香蚁要达这种目的，腹柄细而灵活，可以向任何方面转旋。因此，腹柄上的鳞状部，并不发达，即使有，也是退化得非常扁薄。

五、五官　辨认敌蚁和友蚁全仗五官的活动。而五官之内，尤其是嗅觉最能指导蚁的行动。若将司嗅觉的触角切断，那么它什么行动都不中用。触角上有感觉孔、触毛、栓状突起，上面都有神经末梢分布。它们能够战斗的，全靠这发达的嗅觉。

八　同种间的战斗

蚁类的战斗性，常因种类、数量、离巢距离而有强弱。像爱夫爱圣司蚁（又称武士蚁），即在千百成群的敌阵中，也毫不畏惧，又像福尔米各克水奴斯蚁（Formicoxenus）、米尔美克那蚁（Myrmecina），连保护自身、防御巢穴的战斗能力都没有。蚁巢中人口越增加，蚁类的冒险心、攻击心越炽盛。小蚁刚才造巢时，胆很小，即使塞住了巢，也多躲着不敢争斗。蚁离巢渐远，勇气也渐丧失，若在自己巢口，又遇到同伴，立刻胆壮起来。

战斗中也有防御和攻击两种，像拖着坚牢身躯迅速地逃走、缩着脚装假死、将巢移到远处、用土块等堵塞巢口等，都是弱蚁在防御战争时应用的兵法。至于，巢口设置守卫，用大腮防御，像赤蚁的在傍晚用木片闭塞巢口，早晨移开，那更是防患未然的了。

勇敢而嗜斗的蚁，多采用攻击战略。它们巢穴广大，人口众多，战斗的目的是要由破坏的行动，来扩张领土，有时是为了争夺有蚜虫栖息的牧场。

它们的战斗也和人类社会一样，不能照着预期而成功。有时双雄相遇，旗鼓相当，大家杀得人困马乏时，虽胜负未定，也会突然停战。它的讲和条件，好像是说定将来双方不得再侵略领土。但记忆常要跟着时间的经过而淡下去，于是，第二年再来一次大厮杀。

同种间也好战斗的，是赤蚁类，它们双方的战法，也一模一样，而且常发生在两巢相近的时候。现在把福来尔博士所观察到的，大略记述在下面。

这里有同属于山中赤蚁的甲、乙、丙三巢。甲巢的住民，比乙、丙两巢少。乙巢在甲巢的左方，相离一米，丙巢在甲巢的右方，相离三米。它们都还没有孩子和蛹。早晨八点钟左右，乙蚁向阳取暖，并无何等异状。甲蚁也开了巢口，到乙蚁这儿来。可是，误走入甲蚁群中的乙蚁，立刻被捕，受毒液的注射，最后被杀死。还不到半点钟，像有什么警钟似的，乙蚁逐渐兴奋起来，有些工蚁，向甲巢门口窥探一下，立刻回来，大概是警戒同伴。一方面, 甲巢的蚁, 本在和平地晒太阳, 也立刻开始准备, 在附近草原上, 布起战阵。

起初虽是前锋小接触, 但的确像激怒了乙蚁, 都有奋身赴战的态度。它们造成密接纵队, 开拔到巢的左侧, 帮助同伴, 捉住敌人拉到阵后去屠杀。这时, 甲蚁的战阵也完全布好。从八点半到九点半, 阵地不变。甲巢逐渐增添援兵, 战斗越发起劲。甲巢蚁虽少, 取防御战法, 绝不退却。

单行的前卫, 由三只至七只蚁组成。它们都贴地伏着, 努力将敌人向自己阵地拉去。同时, 工蚁也弯曲着尾尖, 发射毒汁, 来拦住敌人的攻击。当战事方酣时, 竟有咬住了自己的同伴, 误认作敌人, 后来由触角认清是同伴时, 方才不发射毒汁而释放。一入混战状况, 有种种事故发生, 这些都是由认识不足而起。这时, 无非双方被拉到敌阵, 被屠杀罢了。小小的工蚁, 若碰到兵蚁, 吃它大腮一击, 立刻头破胸穿。它们逐渐把连锁状的阵, 向前移进, 为征服乙蚁而奋斗。甲蚁这时捕获的俘虏虽不多, 但留在巢里的蚁群倒很平静, 好像不知道外面已起了变故。一过九点半, 乙蚁勇敢地反攻, 冲破甲蚁的前卫, 逼它们退到离巢只半分米光景的地方。这里有枯叶、小枝, 可作为堡垒, 守住最后的阵线。这时, 甲巢中起一种悲哀的动摇, 因为敌军已临城下。巢边的工蚁, 张着大腮, 把触角摇几摇, 左右前后乱窜, 好像它们要弃巢而逃似的。可是, 正当这危急万分的当儿, 它们的兵蚁像听到什么警钟似的, 从各房涌出来, 有绝不使祖国领土寸尺让人的气概。它们延长前阵的两翼, 对乙蚁作侧面攻击。乙蚁虽已捉得几百俘虏，但总不能冲开甲蚁的后阵。战事愈酣，领土的一部，已被蚁的连锁队掩住，成混战状态。

到十点半左右，在枯叶、小枝前面的乙蚁看去已经支持不住。它们不得已抛弃以前占领的场面，缩短防线，而退却了。甲蚁不管乙蚁的反抗，乘胜追击。到十二点左右，甲蚁终究冲到乙蚁的大本营。这时乙蚁起纷乱状态，向周围牧场间，东奔西窜地乱逃。换一句话说，甲蚁已征服了乙蚁，战斗已告结束。甲蚁中止追击，这是什么缘故呢？因为丙蚁也在草荫下布好战阵了。

甲蚁乘胜再向丙蚁挑战。丙蚁没有援兵，甲蚁已战得十分疲劳，所以甲蚁只取守势，并不进攻，而丙蚁已开始退却。到下午三点钟左右，它们已有逃避的行动表现出来。这次战斗，终因战士缺乏而草草终结。

两天之后，福来尔博士将一群甲蚁放在丙蚁临时巢的近旁，使它们去包围。甲蚁就把丙蚁从巢中拖出，杀死大半。这剩下的小群丙蚁，也同乙蚁这样逃避，到某处再筑小巢，在内住居。这里应该注意的是，这种山中赤蚁，常要乘胜追击，对半死半生的敌人都不肯放松。

九 异种间的战斗

东非的风云，一天紧似一天。若一朝开战，彪悍的蛮军和应用科学利器的军队相周旋，各个表现他们的特殊战法，倒是一场好看的大厮杀咧！也许有这样想的人。蚁类中的战法，也因种类而各异，所以若战斗发生在异种间时，也是五花八门，好看得很。

前节讲过的那种福儿米加（Formica）属的山中赤蚁和塞苦尼亚蚁的战斗状态，要算最好看。塞苦尼亚蚁没有什么前卫等，是采用急激突进攻击法的。当山中赤蚁集成一团，作前进攻击时，塞苦尼亚蚁退却，回敬一个拿破仑式的侧面攻击。有时以可惊的勇气，冲过后卫，直捣中军，将在左右前后的，一齐推倒。可是，这种行动并不是无规律的，而且对于在混乱中窜逃的敌人，毫不伤害。所以塞苦尼亚蚁的作战法，无非要搅乱山中赤蚁的密集团体。当塞苦尼亚蚁以不及半数的兵力，顽强攻击时，山中赤蚁，已浪费许多精力和时间，疲惫不堪了。机敏的塞苦尼亚蚁，一看到敌人的弱点和狼狈相，就乘虚作勇敢的袭击。它们能单身冲入敌阵中，以加倍的速度和勇武，左冲右突，将敌人推倒。山中赤蚁因援兵不到，张皇失措，露出无法保护孩子的狼狈相时，塞苦尼亚蚁猛然飞奔过去，抢夺孩子。即使敌人是小小的工蚁，或是单身，山中赤蚁已没有去夺回来的勇气。塞苦尼亚蚁自觉得胜，排齐队伍，带了俘获品，悠然凯旋了。

福来尔博士曾把家蚁的巢，放在离大头蚁巢一分米处。这时，恰像巢中敲过警钟般，几百只大头蚁，涌到敌人面前来。可是，家蚁方面也不示弱，身躯也强健，以压倒之势，杀戮大头蚁，更进逼敌巢。看到大头蚁毫不抵抗地被咬杀，受毒刺，多数大头蚁的兵蚁来了，张着大腮，把头左摇右摆，一面示威，一面进行。家蚁终于退却。这些兵蚁提防着大腮不要被家蚁攀住，同时努力想咬它们的背部。若项颈被它的大腮一轧，家蚁的头一定滚落。但是若大头蚁的兵蚁和家蚁，个对个相打，胜利倒在家蚁，尤其是家蚁咬住大头蚁的大腮时，它因为眼睛看不到，无法抵抗。即使家蚁退到巢里，大头蚁的兵蚁占据了这巢，但结果还是由许多工蚁，将它们的尸体拉回巢去。

据福来尔博士的研究，蚁的战斗本能不是先天的，因为青年蚁毫无战斗能力。蚁能够分辨敌人和同伴，也是颇后的事。这种辨认的根据，大概以体上固有的臭气为主，而青年蚁是没有臭气的。战斗性的强弱和集团的大小直接有关系，因为敌己两只蚁在路上相遇时，也不争斗，互相避开，各向一方走去。在战斗中，双方各取出一只，放入同箱中，也不争斗。反之，若双方各取几只，放入同箱中，便起争斗，但不激烈，而且不延长，不久就结同盟了。

法国文豪罗曼·罗兰曾发表一篇题名《到蚁那边去》的著作。里面有这样一段，就引来做本节的结尾：

"本能这种东西，不是进化的出发点，是中途产生的。换一句话说，本能也随时进化的。战斗的本能，不是根深的原始的东西。蚁类里面，尤其有战斗蚁的种类，常将本能训练和改进。不想，人们本以为自己君临一切，但比人类社会更进步的蚁类社会中，有许多可学的地方。只教人们肯把尘埃满布的窗子推开就好了。"

十　犯罪

　　蚁类中也有靠种种犯罪行为而过活的，最明显的是一种抢劫的强盗生活。就是当某种蚁采集了食物，正待运回家去的时候，突然拦住去路，抢劫食物的犯罪生活。香蚁社会中，大多过这种生活，栖息在农蚁附近，强夺它们采集来的食物。

　　它们什么时候学会强盗生活呢？这总不是原始的生活式样，大概偶然在某时学得的。而且，这些蚁也不是专靠抢劫的。它们有时拾取别种蚁采来的食物残屑，也有自己到森林中去吃蚜虫的甘露。它们起初把抢夺作为副业，后来因为这种生活，实在写意，于是本业荒废，副业发展起来了。

　　二节蚁和香蚁中的他批纳买蚁（Tapinoma）常常攀登叶上，等待赤蚁们争斗而死，把尸体运回家去。大概因为它们是弱者，无力抢劫吧！所以不是纯粹的强盗生活。

　　偷窃生活比抢劫生活要复杂得多。最初发现蚁类中有这等现象的，是福来尔博士。就是某种微小的黄蚁，在异种大蚁福尔米加蚁（Formica）的巢旁造一个巢，再开通一条细的隧道，从隧道去偷大蚁的孩子吃。这隧道不妨称为盗径，因为细狭得很，大的赤蚁、黑蚁不能通行，因此无法攻击小蚁。它们即使发现自己的孩子已被向盗径中拖去，也束手无策，徒唤奈何。这种小黄蚁,是紫来纳蒲西斯(Solenopsis)属的一种。此外别种小蚁,也有同样作杀儿行为的。

十一 畜牧

我们人类为了要取肉、乳、毛等而养牛、猪、羊,有些为了取蜜而养蜂。蚁类社会中,也有相像的行为。庭前的蔷薇上,有蚜虫缀着,主人便要慌忙驱除,但竟有帮助作恶者的,这就是蚁。蚁拼命照顾蚜虫,为了要吃它分泌的蜜。

保护蚜虫的蚁有二种,一种黑蚁,照料蚜虫,用长长的吻(有的吻比身子长两倍)插进树皮吸液汁,自己领受甘露,作为劳力的报酬;一种黄蚁,不大到地上来,在树根上造巢,将大的蚜虫,养在巢内。

一到夏天,蚜虫常想沿着树根爬上去。当它们爬到树根附近,黄蚁就在它周围建造泥墙,预防外敌侵害,有时将蚜虫拉到树皮下面。若有顽皮孩子去捣毁巢穴,蚁们便急忙拖了蚜虫,向安全地带逃。有时蚜虫把长吻插进树皮后,一时拔不出来。工蚁们便一齐动手,帮它

放牧蚜虫的蚁

拉出。

此外像美国的某种举尾蚁（Cremastogaster），常在松枝间造一个马粪纸似的巢，在里面养一种介壳虫，吸食从管状突起分泌出来的甘蜜。澳洲有一种尼的头斯蚁（Nitidus）用木片在树干上造一条厚厚的隧道，在里面牧畜木虱——木虱和蚜虫相似，除能够跳跃外，触角的末端二分，也能从肛门分泌甘露，为蚁所嗜。至于小灰蝶的幼虫，受蚁的保护，前面已经讲过，这里就省略了。

蚁这样饲养昆虫，喝取甘露，实在和人们的牧畜养蜂相仿佛。

十二　农业

蚁还会巧妙地经营农业的，最闻名的是北美台克撒斯洲和墨西哥产的农蚁。

这种蚁能够栽培叫蚁米的一种植物，和燕麦相似。它们的栽培法，将巢周围的杂草刈去，只留着"蚁米"，等待它长成，结实。当这植物果实成熟时，就收获了运进巢内，贮藏在一定的房间里。虽然幼稚，实在是一种农业。

这种蚁还爱吃坚硬的果实。不过一抽芽，就丢到巢外去。从前有人认为是蚁在播种，经种种研究，方才知道蚁厌恶这种发芽的果实，所以丢弃的。

此外，收获种种谷物的蚁也颇不少。尤其是北美、南美、非洲等地，有种种有趣的蚁。据说有一种蚁，常把贮藏的谷物，搬到巢外去晒燥，和我们晒谷一样。

此外还有经营特种农业、栽培菌类的蚁。这种蚁叫切叶蚁，产在南美，用树芽造成菌园，栽培一种菌类。它们巢中有大小两种工蚁。小工蚁出外去切取青的树叶，运回巢来。这时，它们用口咬着叶片的一端，旗帜似的竖在头上，排成了长长一行走去。到巢后，交给大的工蚁。大工蚁将它细细嚼碎，放在特别的房内。若巢上有自然发生的菌类，那是要由小工蚁负责照料的。

割叶蚁搬运树叶

菌园中也有杂草和杂菌发生，所以这劳动者也颇有点辛苦。不久，菌丝渐渐伸长，尖端像圆瘤似的膨大，里面有许多富于蛋白质的养分。这就是蚁的食物，尤其是幼虫唯一的食物。这样造成的菌园，面积占全巢四分之三。蚁类的农业，实在发达得可叹。

十三 奴隶

　　蚁类社会中，值得大书特书的，就是使用奴隶。畜奴的蚁也不少，最有名的是武士蚁。它们把黑大蚁作奴蚁，由奴隶们替它造巢、采食、养育孩子。因为奴隶的寿命，只三个月左右，所以它们不能不常常出去捕捉奴隶来代替。充奴隶的蚁，并无一定，总之，被征服的，就有做奴隶的运命。奇妙的是，它们绝不捕掳成虫，因为不能和主蚁同居，而且常要逃走。那些忠实的奴隶，都是由捉来的幼虫和蛹化成的。在它们巢里长大的成虫，忘却了自己身份，服从命运，替主蚁造巢养育孩子，采办食物。不论怎样，它们绝不会要求解放和自由的。

　　这些奴隶的职务，不必由主人命令来分配，它们也和别巢的工蚁一样，是一种机器人。它们的操作，当然不是被什么"不劳无食"的法律束缚，它们不过是比驮人载货的牛马更进一步的机械。出外，替主蚁采集食物，搬运回巢；在内，将食物喂主人，忠心耿耿，绝不偷懒。有时奴隶被主蚁带着，去征伐自己同族的巢，攻进去，掠夺孩子和蛹，这时，它们不知道俘虏中有自己的兄弟姊妹在内，只盲目地跟着主蚁做去。这是一个有生命的机器人，人情、道德、法律、习惯，什么都不知道。

　　主蚁叫饥时奴隶立刻走来喂它。武士蚁因此养成一种依赖的习惯，若奴隶不在跟前，不论有怎样的食物，自己都不会吃。所以若把它放在高高的树枝上，没有奴隶，它只好饿死。

关于使用奴隶，也有一时的、永久的、退化的三种：

一、一时的使用　这种主蚁，只偶然去捕捉几回奴隶，若没有奴隶时，也会独立生活。这种形式，在使用奴隶的蚁类中，算是幼稚的、未发达的。某种赤蚁的使用奴隶，就是一时的使用。它们每年举行两三次的奴隶狩猎，早上出发，傍晚回来。被捉去当作奴隶的，是广布全世界的黑大蚁。

当赤蚁征伐黑大蚁的巢穴时，常直线进行，从不迂绕的，好像预先侦探过似的。在前锋的赤蚁，到达黑大蚁的巢后，在全体未到齐前，绝不着手侵入。于是，黑大蚁纷乱起来，衔着孩子出巢，想突围而走。不久，因为赤蚁要抢孩子，不免有一场肉搏。但是，黑大蚁到底敌不过赤蚁，赤蚁就乘胜涌入巢里，抢夺大的孩子和蛹。循着原路回来时，嘴里都衔着孩子和蛹，列队而行。这些掠来的孩子中，也有将来可成女王和雄蚁的。这些都被它们吃完，只留下可成工蚁的。不久长成，就是奴隶。

真奇怪的，从妈妈手中被抢去的孩子，真所谓"不念生恩，念养恩"，拼命替主蚁操作。不过，蚁类中的奴隶和人类间的奴隶，大不相同，没有束缚自由，强迫工作等事，它们已是巢里的一分子，生活的式样是平等的，生活权也是平等的。

二、永久的使用　像武士蚁这样大腮退化成针状，专作战斗时的武器用，不能营巢、育儿，连食物都不会自己吃，故必须永久地使用奴隶。这种武士蚁，欧洲常能见到，在亚洲也分布很广。它们捕获奴隶的远征，总在午后，而且充奴隶的，也是黑大蚁。使武士蚁口器这般退化的原因，是像拉马克氏所说，是使役奴隶的结果呢？还是像吉弗利斯氏所说，是突然变化而成的呢？现在大家还在争论不决。

三、退化的使役　欧洲有一种威蚁，大腮变化，末端同镰刀似的尖锐，将家蚁作为奴隶，它们常在夜里带了奴隶，出发征伐家蚁。而冲锋陷阵的，全靠这班奴隶。真不懂，这样弱的威蚁，在原始时代，怎样征服强的家蚁，怎样使用它们的呢？有一种威蚁，已经不捉奴隶，纯粹过寄生生活了。所以，使用奴隶的那种威蚁，若退化状态再稍稍进展，该有什么结果，总也想象得到。这种就叫作退化的使役。

蚁类社会中最和我们人类社会相像的，就是这种畜奴制度，是在别的生物界中所不能看到的特殊现象。主蚁和奴隶间服务情形，也大有差别。某种奴隶，反而受主蚁不少的帮助，像那种赤蚁的奴隶，看去好像颇快乐似的，反之，武士蚁的奴隶，则颇辛苦，不论集内集外，全要服役。

奴隶是主蚁的重要财产、手足、工具、机械，故主蚁也周密地保护它们，当搬家时，也把它们衔走了。

十四　贮蜜

蚁类中，也有像蜜蜂一般，采集花蜜而贮藏的蜜蚁。

工蚁嘴对嘴地
将蜜交给贮藏蚁

蜜蚁的工蚁有两种，一种和普通的工蚁一样，是劳动者；一种肚子大得很，完全是贮蜜的桶。普通工蚁出外去，孜孜不倦地活动，从草木等吸蜜回来，嘴对嘴地将蜜交给贮藏蚁，贮藏蚁将蜜藏入嗉囊；贮蜜越多，肚子越膨胀，最后变成一个圆球。

贮藏蚁住的房间有一定。凡肚里装满了蜜的，就挂在天花板上，看去真像一排一排的葡萄。有时从天花板上落下来，自己无法爬上去，于是许多工蚁，一齐动手，将它扛上去。

那么这许多蜜是从那里采来的呢？大部分不是从蚜虫身上榨取的，就是从有几种寄生小蜂的幼虫在树叶上造成的虫瘿采集来的。这种虫瘿，夜里分泌甘露，蚁去舐舐，装得满肚回巢。

这种蚁住在美洲和非洲的沙漠地方，或干燥期很长，一时无法向外界求蜜的地方，所以劳动蚁趁有蜜的时候，拼命采集，交给贮藏蚁保存。到外界无蜜时，巢内的蚁，都到贮藏蚁的房间里来求蜜，于是，贮藏蚁的人员，立刻嘴对嘴吐出蜜来喂它们。